ちくま学芸文庫

宇宙創成はじめの3分間

S.ワインバーグ

小尾信彌 訳

筑摩書房

THE FIRST THREE MINUTES
by
Steven Weinberg

Copyright © 1993 by Steven Weinberg
First published in the United States by Basic Books,
a member of Perseus Books Group.
Japanese Translation rights arranged with
Perseus Books, Inc., Cambridge, Massachusetts
through Tuttle-Mori Agency, Inc., Tokyo.

本書英語版は Perseus Books Group の一部門である
Basic Books によって刊行された.

訳者まえがき

本書は Steven Weinberg, *The First Three Minutes; A Modern View of the Origin of the Universe* (Basic Books, Inc., New York, 1977) の全訳である．著者ワインバーグはハーバード大学の物理学教授で，スミソニアン天体物理天文台の研究員をかねている．専門は素粒子論で，弱い相互作用と電磁相互作用を統一する場の理論を展開したことでとくに著名であるが，重力理論や宇宙論の分野でも活発な研究活動を行なっており，いくつかの賞を受けている．

このような著者が書いたことからも想像されるように，この本は，これまでの宇宙論の本とはまったく異なっている．著者が目指しているのは，まだ銀河系も星も誕生するよりずっと以前の，開闢してまもない宇宙の解明である．宇宙に特別な関心をもっていると否とにかかわらず，われわれの宇宙がどのように誕生したかは，遠い昔から人間の心に深く根ざした疑問のひとつであった．しかし，そのような疑問を，しっかりした科学的基礎のうえで定量的に解明することができるようになったのは，1965年にいわゆる3K宇宙輻射背景が発見されてからのことである．フリー

ドマンの数学的な膨張宇宙のなかに,物質と輻射を具体的にどのような処方でいれればよいかが,この発見によって明らかにされたからである.

　この本は,宇宙輻射背景や軽い元素の存在量についての最近の観測結果と素粒子物理学の知識を駆使して,開闢してまもない宇宙を本格的に分析し解明した,初めての一般書である.ここには,宇宙が爆発的に開闢してから100分の1秒で,輻射のなかに電子と陽電子とわずかな陽子,中性子がとけていた1000億度の熱い宇宙スープが,膨張につれて急速に冷えてゆき,ついに10億度で,今日われわれが見ている物質が形をとりはじめたところまでの約3分間が,感動的に描かれている.さらにワインバーグは,素粒子についての最新の考え方にもとづいて,より以前のより熱い宇宙を理論の目をもって探っている.宇宙の極大温度とか,宇宙の相転移といった考えは,人間の知的推理活動の限界を示すひとつとして,読む人の興奮をさそわずにはおかないだろう.

　著者がどのような意図をもって,どのような読者を念頭にこの本を書いたかは,著者の序文に詳しい.そこにも述べられているように,ハッブルの法則とともに宇宙に関する今世紀最大の発見といわれる宇宙輻射背景の発見が,なぜ偶然になされなければならなかったかについて,多くの研究者との直接の接触をもとにした著者の分析は,この本の主題とは別に,読者に多くのことを考えさせるに違いない.

今日われわれが眺めている宇宙にとって，最初の1秒，1分，1時間がどのようなものであったかを考えることは，現在の宇宙を理解するうえにもきわめて深い意義をもっている．最新の観測結果と物理理論で明らかにされつつある宇宙誕生のロマンは，私を感動させたのと同じように，多くの読者を感動させずにはおかないだろう．

本書の出版にあたっては，ダイヤモンド社の三枝篤文さんに格別のお世話になった．ここに記して深く感謝したい．

1977年9月

小尾信彌

新版にあたって

この本の原著が出版され，訳書として本書が出版されたのは1977年であった．以来，本書はわが国で多くの読者によって読まれ，版を重ねた．その間，82年の時点で著者は簡単な追補を書き，これを追加して88年に改訂版が出版された．その部分の訳を追加したのがこの新版である．

しかし，82年の追補が書かれてからすでに10年以上が経過した．この間に，宇宙背景輻射探査衛星COBEによる観測や銀河分布の大構造の発見など，宇宙の構造にかかわる重要な観測があった．一方，著者が追補でもふれているA.グースの提案にもとづくインフレーション説が華々しく発展するなど，素粒子宇宙論の分野でも多くの研究が

進められた．そこで本書では，長年この分野の研究で指導的な立場にある佐藤文隆さんにお願いして「解題」を書いて頂いた．

　読んで頂けば明らかなようにそれは，通常の解題に加え，本書に追加した著者の追補についてのコメントを含み，さらに現在の時点において補足しておくべきことがらが書き加えられてあり，著者の追補以上にこの新版を価値あるものにしている．この場をかりて，厚くお礼を申し上げる次第です．なおこの新版においても，旧版の出版におけると同様にダイヤモンド社の三枝篤文さんにいろいろお世話になった．深く感謝したい．

　　1995年2月

小尾信彌

序

　この本は，1973年11月にハーバード大学学部科学センターの開所式で私が行なった講演が発展したものである．ベーシック・ブックス社社長のアーウィン・グライクス氏は，私たちの共通の友人であるダニエル・ベル氏からこの講演のことを聞き，それを一冊の本にまとめるように私に強く勧めた．

　最初私は，その考えにひどくは気がのらなかった．私はときどき宇宙論において多少の研究を行なってきたが，私の研究は極微なものの物理学である素粒子物理学にほとんど集中されてきた．また，素粒子物理学はこの数年間は異常に活発であったが，私はいろいろな雑誌に一般向きの読み物を書くなどして，そこからしばらく遠ざかりすぎてしまった．そして私は本来の仕事である，『フィジカル・レビュー』（アメリカ物理学会の専門誌）に論文を書くような生活に戻りたくてたまらなかったのである．

　しかし，初期の宇宙についての本という考えは，私の頭にこびりついて離れないことがわかった．起源の問題ほど心をとらえる問題が，ほかにあるだろうか？　また，素粒子理論の問題が宇宙論の問題と出会うのは，初期の宇宙と

くに最初の100分の1秒間である．とりわけ，初期の宇宙についての本をまとめるのに今は絶好である．まさしくこの10年の間に，初期の宇宙で起こった一連の出来事についての詳細な理論が"標準モデル"として一般に受け入れられるようになったのである．

最初の1秒が終わったとき，あるいは1分，そして1年が経過したときに宇宙がどのようなものであったかを述べられるということは，驚異的なことである．物理学者にとって刺激的なことは，ものごとを数値的に研究できるということであり，これこれの時刻に宇宙の温度，密度，そして化学組成はこれこれの値をもっていたと示すことができることである．これらすべてについて私たちが絶対的に確信があるのでないことは本当であるが，いまやそのようなことがらを自信をもって語ることができるというのは，心躍ることである．私が読者に伝えたかったのは，この興奮であった．

この本がどんな読者を念頭においているかを，ここで述べておくべきだろう．ある程度詳しい議論で頭を悩ますことは好きだが，数学や物理学を専門にしているのではない人を想定して，私はこの本を書いた．かなり複雑な科学的アイデアを導入しなくてはならないが，本文においては算術以上の数学は使っていないし，物理学や天文学の予備知識もほとんどもっていないものとした．科学的な術語は，最初に出たところで注意深く定義するように心を配ったし，さらに物理学や天文学の術語の用語解説を巻末につけた

(278ページ). またできる限り，数を表わすときには便利な 10^{11} という表記を避けて，1000億と言葉で表わした．

しかしこのことは，私が気楽な本を書こうとつとめたということではない．法律家が一般読者を対象に書くとき，読者は外国の法律用語とか永代所有権に対抗する法廷命令というようなことは知らないことを前提にするが，まったくなにもわからない読者を念頭において，そこまで程度をおとすことはしない．私はむしろ読者を尊敬していたい．私の言葉を話しはしないが，それでもなお，あきらめる前になにか説得力のある議論をきくことを期待している頭のいい老年の弁護士，という読者を私は頭に描いている．

この本の議論の基礎になっているいくつかの計算を知りたいという読者のために，巻末に"数学ノート"を用意した(294ページ). そこで使っている数学は，物理科学か数学を大学学部で専攻している読者なら容易にたどることができるだろう．幸いなことに，宇宙論におけるもっとも重要な計算はむしろ簡単であり，一般相対論とか原子核物理学の細かい点が問題になるのはところどころにすぎない．この問題をもっと専門的に追究したい読者には，"もっと勉強したい人のために"(308ページ)にあげた本や論文（私自身のものを含めて）が助けになるだろう．

次に，この本のなかで私がどんな問題を取りあげようとしたかをはっきりさせるべきだろう．宇宙論のすべての面についての本でないことは確かである．宇宙論には"古典的"な部分があり，主として現在の宇宙の大きな規模での

構造に目を向けている——渦巻き銀河が銀河系外天体であることについての論争,遠い銀河の赤方偏移の発見とその距離への依存,アインシュタイン,ド・ジッター,ルメートル,そしてフリードマンの一般相対論的宇宙モデル,等々である.宇宙論のこの部分は多くのすぐれた本に非常によく書かれているし,ここで詳しく述べることは考えなかった.この本は初期の宇宙,とくに1965年に宇宙マイクロ波輻射背景が発見されたことによって発展した初期の宇宙についての新しい理解に関するものである.

　もちろん,初期の宇宙についての私たちの今日の描像について,宇宙膨張の理論は本質的な部分であるので,私は第Ⅱ章であえて,宇宙論のこの"古典的"な面を簡単に概説した.宇宙論をまったく知らない読者もこの章を読めば,本書で述べられている初期の宇宙の理論についての最近の発展を理解するのに,充分なバックグラウンドが得られるものと私は考えている.しかし,宇宙論の古典的な部分をもっと詳しく知りたい読者には,"もっと勉強したい人のために"にある本を参照することを勧める.

　しかし一方私は,宇宙論における最近の発展について筋の通った歴史的根拠をなんら見出すことができなかった.それで私は,1965年よりずっと以前にどうして宇宙マイクロ波輻射背景の探索がなされなかったのかという非常に面白い疑問に関して,自分自身で多少調べざるをえなかった(これは第Ⅵ章で論じてある).この本が,そのような発展について明確な歴史を述べていると私はいっているのではな

い——私は科学の歴史に必要な細部についての努力や注意について関心がありすぎて,その点ではなんら幻想をもっていない.むしろ,本当の科学史研究者がこの本を出発点にして,宇宙論研究の最近30年間の適切な歴史を書いてくれれば私はうれしい.

この本の出版のために原稿を準備するについて,ベーシック・ブックス社のE.グライクス,F.フィリップスの両氏に貴重な助言をいただいたことを非常に感謝したい.この本を書くにあたって私は,物理学や天文学での同僚からの親切な助言で,言葉ではとても言い表わせないほど助けられた.またこの本のいろいろな個所を読んで意見を述べる労をいとわなかったことについて,ラルフ・アルファ,バーナード・バーク,ロバート・ディッケ,ジョージ・フィールド,ゲリー・ファインバーグ,ウィリアム・ファウラー,ロバート・ハーマン,フレッド・ホイル,ジム・ピーブルス,アルノ・ペンジャス,ビル・プレス,エド・パーセル,およびロバート・ワゴナーの皆さんにとくに感謝したい.またアイザック・アシモフ,I.バーナード・コーエン,マーサ・リラー,およびフィリップ・モリソンの皆さんには,いろいろ特別な話題についての情報を知らせていただいたことを深く感謝している.またナイジェル・コールダー氏には最初の原稿をすっかり通読し,鋭い意見を下さったことにとくに深く感謝したい.この本に誤りや不明確さが現在まったくないことは望みえないが,幸いにも私が受けることができた惜しみない援助によって,どれだけ明確かつ

正確になったかは，言葉に言いつくせないほどである．
    1976 年 7 月
           マサチューセッツ州ケンブリッジにて
                  スティーヴン・ワインバーグ

ペーパーバック第2版の序

　天文学的知識における近年の進歩に伴って,『宇宙創成はじめの3分間』が初めて世に出た1977年当時に受け入れられていた宇宙理論が大枠で確認された．しかしこの16年の間に,さまざまな不明確だった点が解決されるとともに新たな問題も現れた．また,誕生から1秒以内という極めて初期の宇宙の歴史について,根本的に新しい考え方が提起されてきた．だから私は『宇宙創成はじめの3分間』のこの新版で,追補を加えて本書を最新のものにする機会をもつことができたことをうれしく思う．この新版の担当をして下さったベーシック・ブックスのマーティン・ケスラー氏に,そして追補にかんして貴重なコメントを寄せて下さったポール・シャピロとイーサン・ヴィシュニャック両氏に感謝申し上げたい．
　1993年4月

　　　　　　　　　　　　　テキサス州オースティンにて
　　　　　　　　　　　　　　スティーヴン・ワインバーグ

目　次

訳者まえがき　3
序　7
ペーパーバック第2版の序　13
Ⅰ　序章：巨人と雌牛 …………………… 19
Ⅱ　宇宙の膨張 …………………………… 29
Ⅲ　宇宙マイクロ波輻射背景 …………… 77
Ⅳ　熱い宇宙の処方 ……………………… 119
Ⅴ　最初の3分間 ………………………… 147
Ⅵ　歴史的なよりみち …………………… 173
Ⅶ　最初の100分の1秒間 ……………… 189
Ⅷ　エピローグ：これからの展望 ……… 211
原著者追補1　1976年以降の宇宙論　217
原著者追補2　1977年以降の宇宙論　232
解題　『宇宙創成はじめの3分間』（佐藤文隆）　259
補遺
　表1　いくつかの素粒子の性質　274
　表2　いくつかの輻射の性質　276
　用語解説　278
　数学ノート　294
　もっと勉強したい人のために　308
文庫版あとがき　314
索引　317

カバー写真　ハッブル宇宙望遠鏡から撮影した「わし星雲」
(© NSSDC)

宇宙創成はじめの3分間

I
序章：巨人と雌牛

 1220年頃にアイスランドの歴史家で詩人であったS.スタールソンによって編集された，古代北欧の神話伝説集である『新エッダ』のなかには宇宙の起源が説明されている．初めにはまったくなにもなかった，と『新エッダ』にはある．「地球は見あたらず，上には空もなく，大きく口をあけた裂け目があったが，どこにも草はなかった．」なにもないところの北と南には，氷寒暗黒の霜の領域ニフルヘイムと，灼熱した火の領域マスペルヘイムがあった．マスペルヘイムからの熱はニフルヘイムからの霜の一部を溶かし，液体の滴から巨人イミルが生長した．イミルはなにを食べたのか？ オードハムラという雌牛もいたと思われる．それでは雌牛はなにを食べたのか？ そうだ，多少の塩もあっただろう，と話は続く．

 バイキングの信仰の感情といえども，信仰的な気持ちを私はそこなうべきではないが，これは宇宙の起源についての満足できるような描像ではない，といってもさしつかえないと私は思う．すべての反対はそのまま放置しておくと

しても，この物語は答えているのと同じだけの問題をひき起こすし，ひとつのことに答えるためには初期条件を新たに複雑にしなくてはならない．

私たちは『新エッダ』にただにっこりし，すべての宇宙進化論の憶測を否定するということはできない——宇宙の歴史をそのまま開闢にまでさかのぼってたどりたいという衝動には，抑えがたいものがあるのだ．16, 17 世紀に近代科学が出発してから，物理学者と天文学者はくり返しくり返し宇宙起源の問題に立ち戻ってきた．

しかし，評判のよくない微妙な雰囲気がいつもそのような研究をとりまいていた．私が学生であり，やがて自分の研究（他の問題について）を 1950 年代に始めた当時には，初期の宇宙の研究は，立派な科学者が時間をさくべき種類の問題ではないと一般に考えられていたことを思い出す．この判断は，不合理なものではなかった．近代の物理学と天文学の歴史のほとんどを通じて，初期宇宙の歴史をつくるに足る適切な観測的および理論的な基礎がなかったというだけなのである．

さて，この 10 年ほどの間に，これらすべてが変わった．天文学者たちがしばしば"標準モデル"と呼ぶ初期宇宙の理論が，広く受け入れられるようになった．それはよく"ビッグバン"理論と呼ばれているものにまあ同じではあるが，宇宙の内容物の処方がもっとずっと指定されている．初期の宇宙についてのそのような理論が，この本のテーマである．

1 序章:巨人と雌牛

　われわれがどこに向かってゆくのかを知る助けとして，標準モデルで現在理解されているところに従って，初期の宇宙の歴史を要約することから始めるのも無益ではないだろう．ここではざっと目を通すだけである——以下の各章でこの歴史の詳細と，私たちがそれを信ずる根拠を説明することにする．

　初めに，爆発があった．定まった中心から起こって広がってゆき，周囲の空気をどんどんまきこんでゆくという地球上でなじみ深いような爆発ではなくて，初めからすべての空間を充たして到るところで同時に起こった，すべての物質粒子をすべての他の粒子から押し遠ざけるような爆発である．ここで"すべての空間"というのは，無限の宇宙のすべてか，あるいは，球面のように自分自身に曲がって戻ってくるような有限宇宙のすべてを意味している．どちらの可能性も理解するのは容易でないが，私たちの進む道を邪魔はしない．空間が有限であるか無限であるかは，初期の宇宙にはほとんどまったくかかわってこない．

　私たちがかなりの確信をもって述べることができるもっとも早い時点である約100分の1秒において，宇宙の温度は摂氏約1000億（10^{11}）度であった．これはいかなる星の中心よりもはるかに熱く，実際あまりに高温度であるため，ふつうの物質の成分のどんなものも，分子も原子も，原子核さえもひとつに結合していることはできなかった．この爆発で飛び離れている物質は種々のタイプのいわゆる素粒子，すなわち現代の高エネルギー原子核物理学の主題であ

る粒子でできていた．

　この本のなかで私たちはこれらの粒子に再三ぶつかるが，ここでは初期の宇宙でもっとも多量に存在していたものの名前をあげるだけで充分であり，もっと詳しい説明は第Ⅲ章と第Ⅳ章にゆずろう．多量に存在していた粒子のひとつのタイプは電子（エレクトロン）で，電流として電線内を流れ，現在の宇宙においてはすべての原子と分子の外層部をつくっている，負に荷電した粒子である．初期に多量であったもう1つのタイプの粒子は陽電子（ポジトロン）で，厳密に電子と同じ質量をもつ正に荷電した粒子である．現在の宇宙においては陽電子は，高エネルギー実験室やある種の放射能，あるいは宇宙線や超新星のような激しい天文現象においてだけ見られるが，初期の宇宙においては陽電子の数は電子の数にほとんど厳密に等しかった．電子と陽電子に加えて，おおよそ同じくらいの数の種々の種類のニュートリノがあったが，これは質量や電荷をまったくもっていない幽霊のような粒子である．そして最後に，宇宙は光で充たされていた．しかし光は，粒子と切り離して扱わねばならないことはない――量子論によれば，光はフォトン（光子）と呼ばれる質量も電荷もゼロの粒子でできているのである．（電球のフィラメント内の1個の原子が，高いエネルギーの状態から低いエネルギーの状態へ遷移するたびに1個のフォトンが放たれる．電球からはあまりに多数のフォトンがやってくるので，光の連続的な流れに混合されているように見えるが，光電管は個々のフォトンを1個

ずつ数えることができる.) それぞれのフォトンは, 光の波長に従って定まった量のエネルギーと運動量を運ぶ. 初期の宇宙を充たしていた光については, フォトンの数と平均エネルギーは, 電子, 陽電子, あるいはニュートリノに対するものと同じ程度であったということができる.

これらの粒子——電子, 陽電子, ニュートリノ, フォトン——は純粋なエネルギーのなかから生成され, 短い寿命の後にふたたび消滅されることを続けた. したがってこれら粒子の数はあらかじめ決められるようなものではなくて, 生成と消滅の過程のバランスによって決められる. このバランスから私たちは, 1000億度という温度におけるこの宇宙スープの密度が水の約40億 (4×10^9) 倍であったと推定することができる. そこにはまた, 陽子 (プロトン) と中性子 (ニュートロン) という重い粒子もわずかに混じっていたが, それらが現在の世界で原子核の構成要素となっている. (陽子は正に荷電しており, 中性子はそれよりごくわずかに重く, 電気的に中性である.) 10億個の電子, 陽電子, ニュートリノ, あるいはフォトンに対して, およそ1個の陽子と1個の中性子が存在するという割合であった. 1個の核子に対して10億個のフォトンというこの数字は, 宇宙の標準モデルを導く際に観測から求めねばならない重要な量である. 第III章で論ずる宇宙輻射背景の発見は, 実質的にはこの数の測定ということであった.

爆発が続くにつれ温度は下がり, 約0.1秒後には摂氏300億 (3×10^{10}) 度, 約1秒後には100億度, そして約14秒

後には 30 億度に達した．これは充分に冷たいため，電子と陽電子はフォトンとニュートリノから再生成されるよりもっと急速に消滅しはじめる．物質のこの消滅によって解放されるエネルギーは宇宙が冷える割合を一時的には遅らせたが，温度はなお下がりつづけ，最初の 3 分が経過したときに 10 億度に達した．これは，1 個の陽子と 1 個の中性子でできた重水素核から出発して，陽子と中性子が複雑な原子核をつくりはじめるほど低い温度であった．密度はなお充分に大きかったので（水の密度よりやや小），これらの軽い原子核は自分たち同士で集まって，もっとも安定な軽い原子核であるヘリウム核を急速につくることができた．2 個の陽子と 2 個の中性子でできている原子核である．

　最初の 3 分間が終わったときに，宇宙の内容物はほとんど光とニュートリノと反ニュートリノの形態をとっていた．約 73 パーセントの水素と 27 パーセントのヘリウムでできている少量の原子核物質と，電子 – 陽電子消滅の時代から取り残されたやはり同様に少数の電子が存在していた．これらの物質は互いに離ればなれになりつづけ，どんどん冷えて密度はより小さくなっていった．ずっと後に数十万年たった後で，宇宙が充分に冷えてから電子は原子核と一緒になって水素とヘリウムの原子をつくった．こうしてできたガスは重力の影響のもとで塊を形成しはじめ，それらが結局凝縮して現在の宇宙の銀河と恒星を形成したのである．しかし，恒星がその生涯の第一歩を踏み出した成分は，まさに最初の 3 分間で準備されたものであった．

ここで概略を述べた標準モデルは，宇宙の起源について想像できる限りのもっとも満足できる理論ではない．『新エッダ』におけると同じように，最初の100分の1秒というような非常に初期については困ったあいまいさがある．さらに，初期条件とくに10億というフォトンと核子の初期の比を決めなくてはならないというやっかいな問題がある．私たちはむしろ，理論のなかの論理的必然性の意味を選ぶ．

　たとえば，哲学的にははるかに魅惑的に思われる別な理論として，いわゆる定常宇宙モデルがある．1940年代後半にH.ボンディとT.ゴールド，および（多少異なった定式化で）F.ホイルによって提起されたこの理論では，宇宙はずっと現在におけるとほぼ同じであった．宇宙が膨張するにつれ，新しい物質が連続的に生成されて銀河間の空間を充たしてゆく．宇宙はなぜ現在そうなっているようになっているのか，ということに関するすべての疑問は，この理論においては潜在的に，それが同じでありうるただ1つのあり方であるからそうなっているのである，ということで解決するほかはない．初期の宇宙についての問題は追放される——初期の宇宙はなかったのである．

　それでは，どうして私たちは"標準モデル"に到達したのだろうか？　どうして標準モデルが，定常宇宙モデルのような他の理論にとってかわったのか？　このような合意が，哲学的な好みの変化とか天体物理学的な権威の影響とかによるものではなく，経験的なデータの圧力によってもたらされたということは，現代天体物理学の本質的な客観

性に対する贈りものである．

　次の2つの章では，われわれを標準モデルへと導いた，天文学的観測で得られた2つの大きな手がかりを述べる——遠い銀河の後退および宇宙を充たしている微弱な電波雑音の発見である．それは，間違った出発，逃した好機，理論的な先入観，そして個性の勝負などに満ちたもので，科学史の研究者にとって興味深い話である．

　こうして観測的宇宙論を概観したのに続いて私は，種々のデータをつなぎ合わせて初期の宇宙の物理的条件について筋の通った描像を描くことを試みる．私たちは，非常に詳細にわたって宇宙の最初の3分間に立ち戻ることになる．映画的技法が適しているように思われる——1こま1こま，われわれは宇宙が膨張し，冷え，料理されてゆくのを眺める．私たちはまた，なお秘密のベールに包まれている時代も少しのぞいてみたい——最初の100分の1秒以前になにが起こったかである．

　われわれは，標準モデルに本当に確信があるだろうか？ 新しい発見がそれをひっくり返し，なにか他の宇宙論が現在の標準モデルにとってかわり，定常宇宙モデルが復活することさえあるだろうか？ そうなるかもしれない．私たちが述べていることについて，まるで本当にわかっているかのように最初の3分間について書きながら，私は非現実性を感ずるのを否定することはできない．

　しかし，もし別のモデルにとってかわられるとしても，標準モデルは宇宙論の歴史において非常に価値のある役割

を果たしたことになるだろう．物理学や天体物理学における理論的考えの結論を標準モデルの枠のなかで導いて，そんな考えを試すことは現在では意義のあることとされている（最近10年くらいのことではあるが）．天文観測の計画を正当化する理論的な根拠として，標準モデルを用いることも一般的なこととなっている．こうして標準モデルは，理論家と観測家とが互いに相手が行なっていることを正しく知るための，共通の本質的な言葉になっている．もし将来標準モデルがもっとよい理論に変わるとすれば，それはおそらく，標準モデルが原動力になって行なわれた観測あるいは計算のせいであろう．

　最後の章で私は，宇宙の未来についてほんの少しだけふれる．宇宙は永遠に膨張を続け，冷たく，空虚に，死んだようになってゆくかもしれない．あるいはふたたび収縮して，銀河も星も原子も原子核をも壊してその構成要素に戻すかもしれない．そうなると，最初の3分間を理解する際にわれわれが直面するすべての問題は，最後の3分間に起こることがらを予測するためにふたたび提起されることになる．

II
宇宙の膨張

　夜空を仰ぐとき,そこに強く感ぜられるのは変わることのない宇宙である.雲が月をかくし,空が北極星のまわりを回り,月は満ち欠けをくり返すことを続け,月や惑星が背景の恒星に対して動いていることは確かである.しかしこれらの動きは,われわれの太陽系内の運動によって生ずる局部的な現象にすぎないことを私たちは知っている.惑星の彼方で,恒星は動かないもののように思われる.

　もちろん,恒星といえども動いている.その速さは毎秒 200～300 キロメートルにも達するものもあり,したがって 1 年の間に高速度星は 100 億キロメートルも動く.この距離は,われわれにもっとも近い星の距離にくらべても 1000 分の 1 以下であり,したがって空における恒星の見かけの位置は,きわめてゆっくりとしか変化しない.(たとえばバーナード星という比較的高速度な星は約 56 兆キロメートルの距離にあって,視線に垂直な方向に毎秒約 89 キロメートルすなわち 1 年に 28 億キロメートル進むので,その結果見かけの位置は 1 年間に 0.0029 度だけずれる.)近距離に

ある星の見かけの位置のずれのことを,天文学者は"固有運動"と呼んでいる.もっと遠い星の空における見かけの位置は非常にゆっくりとしか変わらないから,どんなに辛抱強く観測を続けても固有運動を検出することはできない.

このような不変さが,まったく架空のものであることをこれから見ることにしよう.この章で述べる観測は,宇宙においては銀河(星雲とかギャラクシーとも呼ばれる)と呼ばれる恒星集団の島々が,光速度にも近いような速度で互いに遠ざかっていて,宇宙が激しい爆発の状態にあることを明らかにしている.さらに現在の爆発的膨張を過去に向かってさかのぼると,過去にはすべての銀河は現在よりもずっと互いに接近しており,銀河や星はもちろんのこと,原子や原子核さえもそれぞれ別々には存在しえなかったほど物質が密であったことがわかる.これが"初期の宇宙"と呼ばれる時代であり,この本の主題である.

天体の運動について天文学者は,視線方向に垂直な方向における運動よりもはるかに正確に視線方向での運動速度を測ることができるが,宇宙の膨張に関するわれわれの知識は,まさにこのことのおかげである.視線方向の運動を知る技術は,どんな波動運動についてもよく知られているドップラー効果を利用するものである.静止している源からの音や光の波を観測すると,波がしらが望遠鏡に到達する時間間隔は,波がしらが源を発するときの時間間隔と同じである.ところがもし源がわれわれから遠ざかっていると,相次ぐ波がしらが到達する間の時間は,源を発したと

バーナード星の固有運動 バーナード星の位置(矢印)が,22年の間隔をおいて撮影した2枚の写真に示されている.明るい背景の星々に相対的なバーナード星の位置の変化は非常にはっきりしている.この22年間にバーナード星の位置は角度で3.7分動いており,したがって"固有運動"は1年に角度で0.17分である.(ヤーキス天文台撮影)

きの時間間隔よりも延びる．波がしらはわれわれに達するために前の波がしらよりも少し余計の距離だけ進行しなくてはならないからである．相次ぐ波がしら間の時間はまさに，波長を波の速さで割ったものであるから，われわれから遠ざかっている源から放たれた波は，源が静止しているとした場合よりも長い波長をもつように見える．（波長が長くなる割合は視線方向の源の速度と波自身の速度の比で与えられるが，これについては数学ノート1，294ページを参照せよ．）同様にもし源がわれわれに接近していると，波がしらが到達する間の時間は，相次ぐ波がしらは短い距離を進めばよいために短くなり，波長が短くなるように見える．旅行中に毎週1回規則的に家に手紙を書くセールスマンがいるとした場合，家から遠くへ旅をしていると，手紙はしだいに遠いところから発信されるので手紙が家に届く間隔は1週間より少し長くなるが，家に帰る旅行中には手紙は次々と短い間隔で運ばれるために，1週間おきよりもっとひんぱんに手紙が届くというのに似ている．

今日では音波のドップラー効果は容易に観察することができる——ハイウェイの端に立てば，速い自動車のエンジン音は，遠ざかるときよりも近づくときにはピッチが高い（すなわち，波長が短い）ことに気がつく．この効果は1842年に，プラハで数学教授をしていたJ.C.ドップラーによって，光および音の波に対して初めて指摘された．音波に対するドップラー効果は1845年に，オランダの気象学者C.H.D.ボイス・バロットによって今は懐かしい実験によ

って初めて実証された．運動している源として彼が用いたのは，ユトレヒトに近いオランダの田園をすっとばす鉄道無蓋車に乗せたトランペット吹きたちであった．

恒星がいろいろ違った色をしていることを自分の効果で説明できるかもしれないと，ドップラーは考えた．地球から遠ざかって運動している星からの光は長波長側に偏移し，赤い光の波長は可視光の平均波長よりも長いから，そのような星は平均より赤っぽいかもしれない．同様に，たまたま地球に向かって運動している星からの光は短波長側へ偏移し，そのため星は青っぽく見えるだろう．しかしまもなくボイス・バロットをはじめとする人たちに，ドップラー効果は星の色にはまったく関係のないことが指摘された——遠ざかっている星からの青い光が赤い方へ偏移するのは本当であるが，同時に通常は見えない星の紫外光の一部が可視スペクトルの青い部分に偏移する結果，全体としての色はあまり変わらないのである．星がいろいろ違った色をしているのは，主としてそれらの表面温度が異なるためである．

しかし1868年になって個々のスペクトル線の研究に応用されるようになって，ドップラー効果は天文学にとって計り知れないほど重要なものになった．それよりだいぶ以前のことになるが，1814年から15年にかけて，ミュンヘンに住む光学研究者J.フラウンホーファーによって，狭いスリットを通した太陽光をガラスのプリズムを通してできた色のスペクトルには，それぞれがスリットの像である数百本の暗線が見られることが発見されていた．（これらの暗

線の何本かは W. H. ウォラストンによって 1802 年に見つけられていたが，当時は注意深く研究されなかった.）それらの暗線はつねに，それぞれ決まった光の波長に対応して同じ色のところに現われた．同じ暗いスペクトル線はフラウンホーファーによって，月のスペクトルや明るい星々のスペクトル中にも同じ位置のところに見つけられた．星の熱い表面からの光がより低温度の外層大気を通過する際に，ある定まった波長の光が選択吸収されることによってこれらの暗線が形成されることは，その後まもなく知られた．それぞれの暗線は，なにか特定の化学元素による光の吸収に原因するものであり，したがってナトリウムや鉄，マグネシウム，カルシウム，クロームのように太陽に存在する元素は，地球上に見られる元素と同じものであることを確かめることが可能になった．（暗線の波長は，ある原子をもっとも低いエネルギー状態からもっと高いエネルギー状態にちょうど励起させるだけのエネルギーをもつフォトンの波長であることが今日ではわかっている.）

1868 年に W. ハッギンスはいくつかの明るい星のスペクトルに見られる暗線が，太陽のスペクトル中で見られる暗線の正規の位置から，わずかに赤い方や青い方に偏移していることを見つけた．そしてこのことは，星が地球から遠ざかったり，あるいは地球に向かって運動しているために起こるドップラー偏移であると彼は解釈した．たとえばカペラのスペクトルに見られるすべての暗線の波長は，太陽のスペクトル中に見られるそれぞれ対応する暗線の波長よ

り 0.01 パーセントだけ長い．赤い側へのこの偏移は，カペラが光速度の 0.01 パーセントの速さで，つまり毎秒 30 キロメートルの速さでわれわれから遠ざかっているということである．それに続く 20〜30 年の間にドップラー効果によって，太陽プロミネンスや連星，そして土星の環の速度が発見された．

スペクトル線の波長は非常に高い精度で測定することができるので，ドップラー偏移を観測して速度を測ることは，本質的には正確な方法である．スペクトル表にある波長が，有効数字 8 桁まで載せられていることは例外的なことではないのである．また夜の空の輻射背景に対してスペクトル線を検出できるだけ充分な光がある限り，光源がどんな遠い距離にあっても，この方法では得られた結果の精度は保たれる．

この章の初めで示した星の速度の典型的な値を知ることができたのも，ドップラー効果を応用した結果である．ドップラー効果はまた，われわれの近くにある星の距離を知る手がかりも与える．すなわち，星が運動する向きについて推測することができれば，ドップラー偏移の測定から視線方向ばかりでなく，それと垂直方向の速度も推定することができ，したがって天球上での星の見かけの動き（固有運動）を測ってその星までの距離を知ることができる．しかし，目で見えるような星よりも桁はずれに遠方にある天体のスペクトルを天文学者たちが研究するようになってはじめて，ドップラー効果によって宇宙論的に重要な結果が

いて座のあたりの銀河（天の川）　この写真はわれわれの銀河系の中心方向にあたる，いて（射手）座の方向の銀河を示している．銀河系の平たいことがはっきりわかる．銀河面に沿って走る暗い領域は，背後の星々からの光を吸収する微塵（固体微粒子）を含む宇宙の雲のせいである．（ヘール天文台撮影）

渦巻き銀河 M104 これは約 1000 億個の恒星大集団で，われわれ自身の銀河系によく似ている系であるが，約 6000 万光年の彼方にある．われわれはほとんど横方向から眺めており，明るい球状のハローと平たい円盤部の両方が存在しているのがはっきり見られる．円盤部は，前の写真で示した銀河系の微塵領域のような微塵で暗く縁がとられている．この写真はカリフォルニア州ウィルソン山にある 1.5 メートル反射鏡で撮影された．（ヘール天文台撮影）

現われるようになった.

　私は夜空を眺めることからこの章を始めた.月や惑星,そして星々のほかに,宇宙論の立場から指摘しておくべきであった天体がまだ2つあった.

　その1つは非常に目立つ明るいもので,都市のにごった夜空を通してさえも見えることがある.大円を描いて天球を横ぎっている光の帯であって,古代から銀河(天の川)と呼ばれているものである.イギリスの科学機器製作者のT.ライトは1750年に『宇宙の創造的理論あるいは新仮説』という注目すべき本を出版し,そのなかでわれわれのまわりの星は,有限な厚さであるがすべての方向に非常に遠くまで広がっているような円盤状の"丸砥石"のなかに分布していることを示唆している.太陽系はこの円盤内にあるので,当然のことながら,地球から円盤に沿った方向を眺めるときは他の方向を眺めるときよりもずっと多くの光が見えることになる.これが銀河として見えるものなのである.

　ライトの理論はずっと以前に確認されている.銀河系は,直径が8万光年で厚さ6000光年の円盤状の恒星集団からできていると現在では考えられている.銀河系はまた,直径がおよそ10万光年の球状のハロー部分をもっている.その全質量は,ふつう太陽質量の1000億倍と推定されているが,広がっているハロー内にさらにかなりの質量が存在していると考える天文学者もいる.太陽系は円盤の中心から約3万光年で,円盤の中央面よりやや"北"に寄って位置している.円盤部は毎秒約250キロメートルに及ぶ速さ

で回転しており，巨大な渦巻きの腕を見せている．もし外部から眺めることができたとしたら，その全景はまことに見事なものであろう！　この全体の系がふつう，銀河系あるいはもっと広い見地から"われわれの銀河"と呼ばれている．

夜空に見られる宇宙論的に興味あるもう1つの天体は，銀河ほどはっきり目立つものではない．肉眼で見るのは容易ではないが，もしその位置さえはっきりと知っていれば，条件の良い夜にはアンドロメダ座のなかに見ることができる，ぼんやりした光のしみがある．この天体について最初にはっきり書かれているのは，ペルシャの天文学者A.アル・サフィが西暦964年にまとめた『恒星の本』の表に載せられているものと思われる．彼はこれを"小さな雲"と記している．望遠鏡が用いられるようになってこのような広がった天体はどんどん発見されていったし，17, 18世紀の天文学者たちは，自分たちが本当に興味あると考えていた彗星を探索するのにこれらの天体は邪魔になると考えた．彗星を探している際にまどわされないため，そのような天体の便利な表として，C.メシエは1781年に『星雲および星団』のカタログを刊行した．このカタログに載っている103個の天体を呼ぶのに，天文学者は現在なおアンドロメダ星雲をM（メシエ）31，かに星雲をM1というようにメシエ表の番号を使っている．

メシエの時代においても，これらの広がった天体が皆同じようなものでないことははっきりしていた．あるものは

明らかに，プレアデス（M45）のように星の集団であった．またオリオン座大星雲（M42）のように，色がついている場合があったり，1個あるいは多数の星とかかわっている場合もある，不規則な形をした輝いているガスの雲であるものもあった．これら2つの型の天体は，われわれの銀河系内にあるということが今日ではわかっており，ここではこれ以上立ち入らないことにする．しかしメシエのカタログにある天体の約3分の1はかなりはっきりと楕円形をした白い星雲（ネブラ）であり，なかでももっとも目立つのがアンドロメダ星雲（M31）である．望遠鏡が発達するにつれてこのような天体は何千個と見つかり，19世紀の終りまでには，M31やM33星雲をはじめいくつかの星雲では渦巻きの腕が同定された．しかし18, 19世紀における最良の望遠鏡でも，楕円星雲や渦巻き星雲を星に分解することはできなかったし，その正体は謎に包まれていた．

　星雲のあるものはわれわれ自身の銀河系に似た銀河であると初めて提言したのは，I.カントであったようである．銀河についてのライトの理論を取りあげてカントは1755年に『天界の一般自然史および理論』のなかで，星雲"あるいはある種の星雲"は，われわれの銀河系と似た大きさと形をもった円盤状の天体であると示唆している．大部分のものは斜めに眺めているために楕円形に見えているのであり，微かにしか見えないのはもちろん非常に遠く離れているからである．

　われわれ自身の銀河系のような銀河でいっぱいに充たさ

れた宇宙という考えは，決して一般的に受け入れられはしなかったが，19世紀初めまでには広まってきた．しかし，これらの楕円あるいは渦巻き星雲が，メシエのカタログにある他の天体と同様に，われわれの銀河系内にあるただの雲であることが証明される可能性も，まったく残されたままであった．大きな混乱を生じたことのひとつは，いくつかの渦巻き星雲のなかに爆発星が観測されたことであった．もしこれらの星雲が本当にわれわれの銀河系と別の独立した銀河であるならば，個々の星が区別できないほど遠く離れているのであるから，そんな距離でも非常に明るく見えるというからにはその爆発は信じられないほど強力なものでなくてはならない．これに関連して私は，そんな議論が最盛期にあった19世紀の科学評論の一例をどうしても引用したいと思う．イギリスの天文学史研究家であったA. M.クラークは，1893年に書いたもののなかで次のように述べている．

　よく知られているアンドロメダ星雲，そしてりょうけん座の渦巻き星雲は，連続スペクトルを示す星雲のなかでもとくに注目すべきものである．そして一般的にいって，すべてのそんな星雲の放射は，おびただしい距離を通してぼんやりなった星団の示すものと同じ種類のものである．しかし，だからといって星雲が本当に星団のように，太陽のような天体の集合だと結論するのは性急である．4分の1世紀ほどの間隔で星雲の2つに星の爆発

があったことでも，そんな推論が確かでなさそうなことが強調されている．星雲がどのような距離にあっても，星が同じように遠くにあることは確かである．したがって星雲の構成天体がもし太陽のようなものであるならば，その微かな光をほとんど消してしまうような無類に巨大な天体は，プロクター氏も論じたように，熟考から押し戻されてしまうほどの想像を絶するすさまじい規模であったに違いない．

これら星の爆発は，実際"熟考から押し戻されてしまうほどの想像を絶するすさまじい規模"であったことが現在ではわかっている．それらは，1個の星が星雲全体の光度にも達する超新星の爆発であったのだが，そのことは1893年にはわかっていなかった．

渦巻き星雲や楕円星雲の本質にかかわる疑問は，それらの距離を決定する信頼できる方法なしには決着をつけることができなかった．そのような物指しは，ロサンゼルスに近いウィルソン山に100インチ（2.5メートル）反射望遠鏡が完成してついに発見された．1923年にE.ハッブルは初めて，アンドロメダ星雲を個々の星に分解することに成功した．彼はアンドロメダ星雲の渦巻きの腕が，われわれの銀河系内でケフェウス型変光星としてよく知られているものと同じように，周期的な光度変化を示す数個の明るい変光星を含んでいることを見つけた．このことが非常に重要であるわけは，その10年ほど以前にハーバード大学天文台の

H.S. リーヴィットと H. シャプレーの2人が，ケフェウス型変光星で観測される変光周期とその絶対的な光度との間に，密接な関係があることを明らかにしたからである．（絶対的な光度は天体がすべての方向に放つ全放射率であり，見かけの光度は，地球上の反射鏡の各1平方センチメートルで私たちが受ける放射率である．天体の明るさの主観的な度合いを定めるのは，絶対的な光度ではなくて見かけの光度である．もちろん，見かけの光度は絶対的な光度によるばかりでなく，距離にも依存する．したがって，天体の絶対的な光度と見かけの光度の両方が知れれば，その天体の距離を推定することができる．）アンドロメダ星雲中のケフェウス型変光星の見かけの光度を観測し，その変光周期から絶対的な光度を推定し，見かけの光度は絶対的な光度に比例し，距離の2乗に逆比例するという簡単な関係を使って，ハッブルは直ちにその距離すなわちアンドロメダ星雲までの距離を計算することができた．

アンドロメダ星雲の距離は90万光年であり，すなわちわれわれの銀河系内で知られているもっとも遠い天体にくらべても10倍以上遠いというのが彼の結論であった．W. バーデなどによってケフェウス型変光星の周期光度関係が何回か改訂され，現在までにアンドロメダ星雲の距離は200万光年以上となったが，結論は1923年に明らかになっていた．すなわち，アンドロメダ星雲をはじめ数えきれないほどの同じような星雲は，われわれ自身の銀河系と似た銀河であって，すべての方向に非常に遠くまで宇宙を充たし

アンドロメダ大星雲 M31 われわれの銀河系にもっとも近い大きな銀河である．右上と中央下方に見られる明るい天体は，M31 の重力場によって軌道に捕えられている小型の銀河 NGC205 および NGC221 である．写真に見られる他の明るい多数の点は，たまたま地球と M31 の間に位置している，われわれの銀河系内の恒星である．この写真はパロマ山の 1.2 メートル・シュミット望遠鏡で撮影された．(ヘール天文台撮影)

アンドロメダ星雲の細部 これはアンドロメダ星雲の一部を示したもので，左の写真で右下の部分（"南の先端領域"）に対応している．ウィルソン山にある 2.5 メートル反射鏡で撮影されたもので，渦巻き腕の部分にある個々の星像を分解して見せている．ハッブルは 1923 年にこのような恒星の研究によって，アンドロメダ星雲がわれわれの銀河系に似た別の銀河であり，銀河系の外縁の一部でないことを決定的にした．（ヘール天文台撮影）

ているのである．

　星雲が銀河系外にあるということの決着がつく以前でさえも，天文学者たちはそのスペクトルに見られる線を，よく知られている原子スペクトルの線に同定することができた．しかし，多くの星雲のスペクトル線が赤あるいは青い側に多少偏移していることが，1910年から20年にかけてローウェル天文台のV. M. スライファーによって発見された．これらの偏移はドップラー効果によるものと直ちに解釈された．すなわち，星雲が地球から遠ざかったり，あるいは近づいたりという運動をしていることを示すものとされた．たとえばアンドロメダ星雲は，毎秒約300キロメートルの速さで地球に向かって運動していることがわかり，一方おとめ座に見られるもっと遠い星雲団は，毎秒約1000キロメートルの速さで地球から遠ざかっていることが見つかった．

　最初これらは，われわれの太陽系がある銀河に近づき，また他の銀河からは遠ざかっていることを反映する，単なる相対速度にすぎないと考えられた．しかしその後，いずれもスペクトルの赤い側に向かうようなスペクトル線の大きい偏移が次々発見されるようになって，この解釈は通用しなくなってきた．アンドロメダ星雲のような少数の近くにある銀河を別にすると，残りの銀河は一般的にわれわれの銀河系から遠ざかっているようであった．もちろんこのことは，われわれの銀河系が特別な中心の位置を占めているということを意味しない．むしろ，宇宙はある種の爆発

の状態にあって，すべての銀河はいずれも他の銀河からは遠ざかっているように見える．

銀河の赤方偏移はわれわれからの距離にほぼ比例して大きくなることを発見したと1929年にハッブルが発表してからは，この解釈は一般的に受け入れられるようになった．ハッブルの発見は，爆発している宇宙における物質の流れについては，可能なもっとも簡単な描像から予測されることであるというのがこの観測的事実の重要な点である．

与えられた任意の時刻において，すべての典型的な銀河にいる観測者にとって，どんな方向を眺めようと宇宙は同じに見えるべきであると，われわれは直観的に期待する．(ここで，また今後 "典型的" というのは，それ自身の特別大きい固有な運動をもっていないが，単に宇宙における銀河の一般的な流れに沿って運ばれている銀河を意味する.) この仮定は非常に自然であるので（少なくともN.コペルニクス以後は），イギリスの天体物理学者E.A.ミルンによって宇宙原理と呼ばれた．

銀河自身に適用すると，宇宙原理によれば典型的な銀河にいる観測者から見ると，観測者がどの典型的な銀河内にいようとも，他のすべての銀河は速度の同じパターンに従って動いているのが見えるべきである．ハッブルが見つけたように，任意の2つの銀河の相対速度はそれらの間の距離に比例しなくてはならないというのが，この原理の直接の数学的結論なのである．

このことを確かめるために，直線上に並んでいる3つの

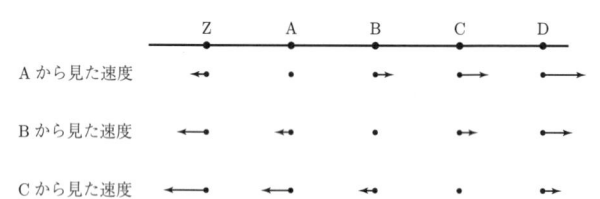

```
                    Z      A      B      C      D
                ●──────●──────●──────●──────●

Aから見た速度      ←●→     ●     ●→    ←●→   ←────●────→

Bから見た速度      ←──●──→  ←●→    ●     ●→    ←●→

Cから見た速度    ←────●────→  ←●→   ←●→    ●     ●→
```

第1図　一様性とハッブルの法則　等間隔で直線状に位置する銀河 Z, A, B, C, … を，矢の長さと向きで示した A, B, あるいは C から測定した速度とともに示してある．一様性の原理によれば，B から見た C の速度は，A から見た B の速度に等しくなくてはならない；これら 2 つの速度を加えると，2 倍の長さの矢で示されるような A から見た C の速度が得られる．このようにして，図に示してあるような速度の全パターンが得られる．そこに見られるように，速度はハッブルの法則に従う：いかなる銀河から見ても，他のいかなる銀河の速度もそれら銀河間の距離に比例する．これは，一様性の原理と矛盾しない唯一の速度パターンである．

　典型的な銀河 A, B, および C を考えよう（第 1 図を参照）．A と B の距離は，B と C の間の距離と同じとしよう．A から見て B の速さがどうであっても，宇宙原理によれば B に相対的に C は同じ速さでなくてはならない．しかし，B にくらべて A から 2 倍の距離にある C は，A に対する B の速さの 2 倍の速さで A に対しては動いている．われわれはもっと銀河をつけ加えることができるが，どの銀河に対しても別の銀河の後退速度は，それらの間の距離に比例するという結果になる．

　科学においてはしばしばあるように，この議論はどちらの向きにも使うことができる．ハッブルが銀河の距離とそ

の後退速度の比例関係を観測したということは，宇宙原理の正当性を間接的に証明したことである．この原理は哲学的には非常に得心のゆくものである——宇宙のある部分は，あるいはある方向は，他の部分や方向となぜ違っていなくてはならないのだろうか？　それはまた，天文学者たちがより大きな宇宙の大渦巻きのなかの単なる局部的な渦を見ているのではなくて，実際宇宙のある一定の部分を見ているのだということを改めて確認する助けにもなる．逆に私たちは宇宙原理を先験的に与えられたものとして受け取り，上に示したように距離と速度の比例関係を演繹することもできる．このようにして，比較的容易なドップラー偏移の測定によって，後退速度から非常に遠方にある天体の距離を知ることができる．

　宇宙原理には，ドップラー偏移の測定とは別に，違った種類の観測的支持がある．われわれ自身の銀河系および近くにある大型のおとめ座銀河集団でゆがめられた部分を補正すると，宇宙は驚くほど等方的に見える．すなわちすべての方向で同じように見える．(このことは次章で論ずるマイクロ波輻射背景によっていっそう納得がゆくように示される.)しかしコペルニクス以来，宇宙において人間が占める位置になにか特別なものがあると考えることには，要心しなくてはならないことを学んだ．したがって，もし宇宙がわれわれのまわりで等方的であるならば，すべての典型的な銀河のまわりで宇宙は等方的であるべきである．しかし宇宙のなかのいかなる点も，固定した1点のまわりの

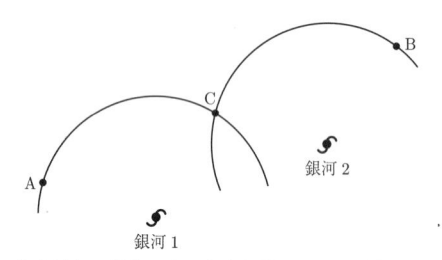

第2図 等方性と一様性 もし宇宙が銀河1および銀河2に関して等方であれば，宇宙は一様である．AとBという任意の2点における状態が同じであることを示すには，銀河1を中心にAを通る円を書き，銀河2を中心にBを通る別の円を書く．銀河1のまわりの等方性によってA点における状態はC点におけるものと同じでなくてはならない．同様に，銀河2のまわりの等方性によってB点とC点の状態は同じでなくてはならない．したがって，A点とB点においても状態は同じである．

一連の回転によって他の任意の点に移すことができるから（第2図を参照），もし宇宙がすべての点のまわりで等方的であるならば，宇宙はまた必然的に一様（均質）でなくてはならない．

さらに議論を進める前に，いくつかの制限を宇宙原理につけなくてはならない．第1に，この原理は，小さなスケールでは明らかに正しくはない——われわれは銀河の小さな局所的な群（M31やM33を含む）に属する銀河のなかにおり，この局部銀河群はおとめ座の大銀河集団の近くに位置している．実際，メシエのカタログにある33個の銀河のなかで，半数近いものは空の狭い一部分，おとめ座の方向

II 宇宙の膨張

にある！ 宇宙原理は，もしいやしくも成立しているものならば，少なくとも銀河集団間の距離すなわち1億光年程度の距離のスケールで宇宙を眺めた場合に成り立ってくるものである．

これとは別な制限もある．銀河の速度と距離の比例関係を導くのに宇宙原理を用いる場合，Bに相対的なCの速度がもしAに相対的なBの速度と等しいならば，Aに相対的なCの速度は2倍であると考えた．これは，われわれによく知られている速度の和についての通常の法則であり，日常生活におけるような比較的小さい速度については確かに成立している．しかしこの法則は，光速度（毎秒30万キロメートル）に近い速度に対しては破れることは確かである．そうでなければ，次々と相対速度を加えてゆけば，光速度よりも大きい速度を得ることになるが，それはA.アインシュタインの特殊相対論で許されないことである．たとえば速度の加法についての通常の法則によれば，もし光速度の4分の3で飛んでいる飛行機に乗っている乗客が，前方に向かって光の4分の3の速さで弾丸を発射すれば，地面に相対的な弾丸の速さは光速度の $\frac{3}{2}$ 倍になるが，それは不可能である．特殊相対論では，速度を加える法則を変えることでこの問題を避けている．すなわち，Aに相対的なCの速度は，Aに対するBの速度とBに対するCの速度の和よりも実際には少し小さく，光速度よりも小さい速度を何回加え合わせても，光速度よりも大きい速度には決してならないのである．

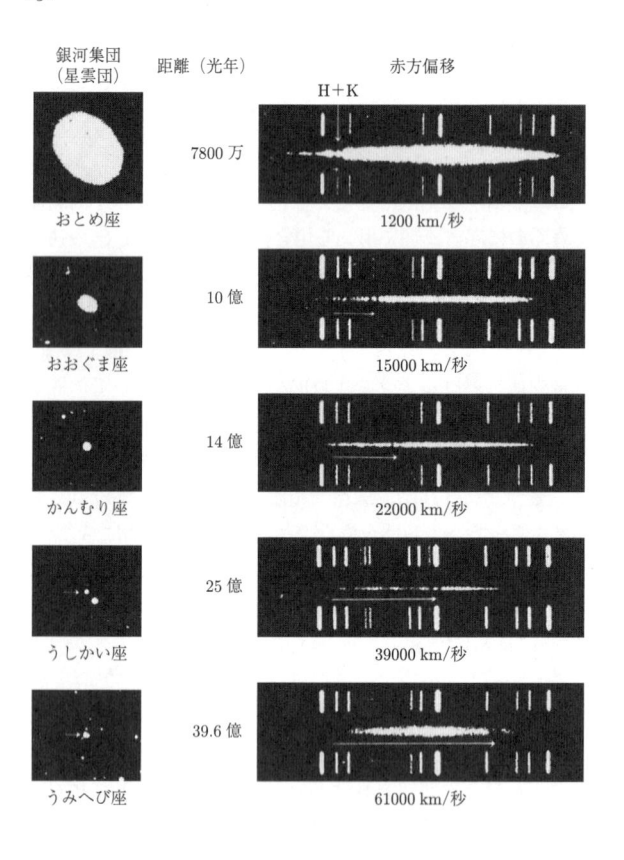

銀河集団 (星雲団)	距離(光年)	赤方偏移
おとめ座	7800万	H+K 1200 km/秒
おおぐま座	10億	15000 km/秒
かんむり座	14億	22000 km/秒
うしかい座	25億	39000 km/秒
うみへび座	39.6億	61000 km/秒

ハッブルにとって 1929 年には，このようなことはまったく問題ではなかった．当時彼が調べた銀河には，光速度に近い速度のものはひとつもなかった．それにもかかわらず，宇宙論の研究者が宇宙全体に特有な本当に大きい距離を考える場合には，光速度に近い速度を扱うことができるような理論的枠組み，すなわちアインシュタインの特殊および一般相対論のなかで研究せねばならない．実際このように大きい距離を扱う場合には，距離という概念自体があいまいなものになり，距離という場合に光度の観測で測った距離か，直径の測定で測った距離，あるいは固有運動で

(左頁) **赤方偏移と距離の関係** ここに示したのは 5 つの銀河集団（星雲団）中の明るい銀河と，そのスペクトルである．銀河のスペクトルは横に長く延びた白いしみで，数本の垂直な暗線が見られる．これらのスペクトルの各位置は，決まった波長をもつ銀河からの光に対応しており，垂直な暗線は銀河内の星の大気で光が吸収されたことで生じたものである．（各銀河のスペクトルの上下に見られる垂直な明るい線は，波長を決定するのに用いるため銀河のスペクトルに重ねて焼きこまれた標準の比較スペクトルである．）各スペクトルの下の矢は，2 本の特定の吸収線（カルシウムの H および K 線）が正規の位置からスペクトルの右（赤）端に向かってどれだけ偏移しているかを示している．偏移がドップラー効果によるものと解釈すれば，これらの吸収線の赤方偏移は，おとめ座銀河集団の毎秒 1200 キロメートルからうみへび座銀河集団の毎秒 6 万 1000 キロメートルに及ぶ速度を示している．赤方偏移が距離に比例するならば，これらの銀河が次々に遠い距離にあることをこれは示している．（ここに示した距離は，ハッブル定数の値を 100 万光年につき毎秒 15.3 キロメートルとして計算したものである．）赤方偏移が増大するにつれて銀河の像が小さく微かになることによって，上の解釈は確認される．（ヘール天文台撮影）

測った距離，あるいはなにか他のもので測った距離ということを指定しなくてはならない．

　話は戻って1929年，ハッブルは銀河中のもっとも明るい星々の見かけの光度を用いて18個の銀河までの距離を推定し，ドップラー偏移から分光的に定めたそれら銀河の視線速度と比較した．速度と距離の間には"大ざっぱな比例関係"があるというのが，彼の結論であった．実際にはハッブルのデータを眺めると，一体どうして彼がこの結論に到達できたのかと私は戸惑ってしまう——速度が距離とともに増大するような傾向が見えるというものの，銀河の速度はそれらの距離とほとんど相関していないように見えるのである．事実，これら18個の銀河の距離と速度の間にはなにもはっきりした関係は期待できそうにない——おとめ座銀河集団よりも遠いものはなく，いずれも銀河系に近すぎるのである．上に述べた簡単な議論，あるいはこれから考える関連した理論的な展開を信頼すれば，ハッブルは自分が期待している答えを知っていたのだと結論することも，また避けることはできない．

　しかしもしそうであっても，1931年までには根拠は非常に確かになり，後退速度が毎秒2万キロメートルに及ぶ銀河に対して，速度と距離の間の比例関係をハッブルは実証することができた．当時推定することができた銀河の距離を用いて，100万光年遠くなるごとに後退速度が毎秒170キロメートル増大するというのが彼の結論であり，したがって毎秒2万キロメートルという後退速度は1億2000万

光年という距離に相当する．距離の増大に伴う速度の増大を示すこの値は，一般に"ハッブル定数"と呼ばれている．（後退速度と距離の間の比例関係は，与えられた時刻においてはすべての銀河にとって同じであるという意味でこれは定数であるが，後でわかるように，ハッブル定数は宇宙が進化するにつれて時間とともに変化する．）

分光学が専門のM.フマーソンと協同して，ハッブルは1936年までにおおぐま座II銀河集団の距離と速度を測定することができた．これは毎秒4万2000キロメートルの速さ，すなわち光速度の14パーセントで後退していることがわかった．当時推定された距離は2億6000万光年で，これはウィルソン山の100インチ望遠鏡の限界であり，ハッブルの研究は終止せざるをえなかった．第二次大戦が終わってパロマ山やハミルトン山に大望遠鏡が完成されて，ハッブルの計画はふたたび他の天文学者たち（とくにパロマおよびウィルソン山天文台のA.サンデイジ）によって取りあげられ，現在に及んでいる．

この半世紀の間の観測から一般的に得られた結論は，銀河は距離に比例する速度で（少なくとも光速度にあまり近くない速度では）われわれから後退しているということである．もちろん，宇宙原理についての議論のなかで強調したように，このことはわれわれが宇宙においてなにか特別に好ましい，あるいは好ましくない位置にいることを意味しているものではなく，いかなる銀河もそれらの距離に比例した相対速度で互いに離ればなれに運動しているのである．

ハッブルの初めの結論でもっとも大きく変わった点は，銀河系外の距離尺度の改定である．バーデによってリーヴィット－シャプレーのケフェウス型変光星の周期光度関係が調整しなおされた結果によるところが大きく，遠い銀河までの距離は，ハッブルの当時に考えられていたものより10倍程度も大きいと現在考えられている．したがってハッブル定数は現在，100万光年につき毎秒約15キロメートルにすぎないとされている．

　これらすべてのことは，宇宙の初めについてどんなことを意味しているのだろうか？　もし現在，銀河が離ればなれになっているのならば，かつてそれらは互いに接近していたに違いない．とくに，もし速度がずっと一定であったならば，任意の2つの銀河が現在の距離にまで到達するのに要した時間は，現在の距離をそれらの相対速度で割ったものである．しかし，速度が現在の相互の距離に比例しているとすれば，こうして得られる時間はいかなる銀河の対に対しても同じである——すべての銀河は過去の同じ時刻において互いに接近していたに違いない！　ハッブル定数の値を100万光年につき毎秒15キロメートルとすると，銀河が離ればなれになりはじめてからの時間は，100万光年を毎秒15キロメートルで割ったもの，すなわち200億年となる．この方法で計算された"年齢"をわれわれは"特性膨張時間"と呼ぶが，それは単にハッブル定数の逆数である．宇宙の本当の年齢は，実際には特性膨張時間よりも短い．これから先で述べることからわかるように，銀河の速

度は一定ではなくて、相互の重力を受けるなかで遅くなってきたからである。したがって、もしハッブル定数が100万光年につき毎秒15キロメートルであるならば、宇宙の年齢は200億年より短いに違いない。

　これらのことを私たちはよく、宇宙の大きさが増大しているという。このことは、宇宙が有限の大きさをもっているということを必ずしも意味するものではない。こういう表現が使われるのは、ある与えられた時間内に、任意の2つの典型的な銀河間の距離が同じ割合で増大するからである。銀河の速度がほぼ一定であると考えてかまわないほど短い時間間隔の間では、典型的な1対の銀河間の距離の増大は、相対速度と経過した時間の積で与えられる、あるいはハッブルの法則を用いると、ハッブル定数と銀河間の距離と時間の積で与えられる。そうすると、銀河間の距離の増大と距離自身との比は、ハッブル定数と経過した時間の積で与えられることになり、これは任意の銀河対に対して同じである。たとえば、特性膨張時間（ハッブル定数の逆数）の1パーセントの時間間隔の間に、典型的な銀河対の間隔はいずれも1パーセント増大する。われわれは大ざっぱにこのことを、宇宙の大きさが1パーセント増大したと表現するのである。

　赤方偏移をこのように解釈することに、異論がないという印象を与えたいとは私は考えていない。われわれは銀河が実際にわれわれから離れ去っているのを観測しているのではないのであって、確実なことは、銀河のスペクトル線

が赤い方すなわち長波長側に偏移していることである．赤方偏移がドップラー効果とか宇宙の膨張にかかわっているという考えに，疑いをもつ著名な天文学者もいる．ヘール天文台の H. アープは，銀河の集団のなかには，構成する銀河のいくつかのものが他の銀河と非常に異なった赤方偏移を示すような集団があることを強調している．そのような集団が本当に物理的に近くにある銀河の集団であるものならば，構成銀河が非常に異なった速度をもつことはありえない．また 1963 年には M. シュミットによって，見かけが恒星のように見えるにもかかわらず，非常に大きな，ある場合には 300 パーセントを超えるほどの赤方偏移を示すような種類の天体が発見された！ "準星的天体（クエーサー）" と呼ばれるようになったこれらの天体が，その赤方偏移が示唆するほど遠くにあるものとすると，それほど明るく見えるためには莫大なエネルギーを放っていなくてはならない．結局，本当に遠い距離においては速度と距離の関係を決めることは容易ではない．

しかし，赤方偏移によって示唆されるように実際に銀河が後退していることを確かめる，まったく独立した方法がある．前に述べたことで明らかなように，赤方偏移を銀河の後退によるものと解釈すると，宇宙の膨張は 200 億年より多少最近に始まったことになる．したがって，宇宙が実際にそんなに老齢であることの別な証拠を見つけることができれば，確かめられる傾向となる．実際，われわれの銀河系の年齢が約 100 億ないし 150 億年であるという証拠は

いろいろある．この年齢は，地球における種々の放射性同位元素（とくにウランの同位元素である U-235 と U-238）の相対存在量と，恒星進化の理論的計算の双方から推定される．放射性崩壊の率あるいは恒星進化と，遠い銀河の赤方偏移の間には確かに直接の関連がないから，ハッブル定数から求めた宇宙の年齢が本当に宇宙の開闢を示すものであるという憶測は強い．

このことに関連して，1930 年代と 40 年代においては，ハッブル定数は 100 万光年につき毎秒約 170 キロメートルと，非常に大きなものと考えられていたことを思い出すと歴史的に興味深い．われわれの解釈によれば，宇宙の年齢は 100 万光年を毎秒 170 キロメートルで割ったものであり，およそ 20 億年でなくてはならないし，重力による減速を考慮するとさらに小さいことになる．しかし L. ラザフォードによる放射能の研究以来，地球がこれより古いことはよく知られており，現在では約 46 億年とされている！地球が宇宙より老齢であることはありえないので，赤方偏移が宇宙の端に関する情報を本当に提供するものかどうか，天文学者たちは疑わざるをえないようになった．おそらく定常宇宙論をはじめとして，1930 年代と 40 年代のもっとも巧妙な宇宙論のアイデアは，この見かけのパラドックスから生まれたものである．1950 年代において，銀河系外の距離尺度が 10 倍に延びたことによって年齢のパラドックスが取り除かれたことが，一般的に受け入れられる理論としてビッグバン（爆発）宇宙論が現われる本質的な前提で

あっただろう．

　ここでわれわれが展開している宇宙の描像は，飛び散っている銀河群である．これまでのところ光は，銀河の距離と速度についての情報を運ぶ"星の使者"の役目を果たしてきただけであった．しかし，初期の宇宙においてはその状態は現在と非常に異なっており，後で見るように当時の宇宙の主要な構成要素は光であり，通常の物質は微量な汚染物としての役割しか果たしていなかった．したがって，赤方偏移について学んだことを，膨張宇宙における光の波のふるまいによって言い換えることがもしできれば，私たちにとっては後で役に立つであろう．

　典型的な2つの銀河間を伝わっている光波を考えよう．銀河間の間隔は，光が伝わる時間と光速度の積に等しいが，光が伝わってゆく時間におけるこの間隔の増大は，光が伝わる時間と銀河の相対速度の積に等しい．ここで間隔が増大する割合を計算しようとすると，間隔の増大を間隔の平均値で割るから，光が伝わってゆく時間は打ち消され，光が伝わってゆく時間におけるこれら2つの銀河の間隔（したがって任意の典型的な銀河間の間隔）が増大する割合は，銀河の相対速度と光速度の比にちょうど等しくなる．しかし前に見たように，同じこの比は光が伝播する間に波長が増大する割合を与える．したがって，どんな光線の波長も宇宙が膨張するにつれて，典型的な銀河間の間隔に比例して増大する．宇宙の膨張によって，光の波がしらがどんどん遠くに"引っぱられる"と考えることができる．ここでの議論は，厳密に

は光が伝わる時間が短い場合にだけあてはまるが，これら一連の伝播をつないでゆくことによって，同じことは一般に成り立つと結論することができる．たとえば3C295と呼ばれる銀河を観測し，そのスペクトル線の波長が，スペクトル波長表にある正規の値より46パーセント大きいことが知られたとすると，その光が放たれたときにくらべて宇宙は現在46パーセント大きいと結論することができる．

これまでのところ私たちは，物理学者が"運動学"と呼んでいることがらにかかわってきたのであり，運動を支配する力をまったく考慮せずに運動だけを記述してきた．しかし何世紀にもわたって物理学者や天文学者は，宇宙の力学を理解しようとつとめてきた．それは必然的に，天体間に作用する唯一の力である重力の，宇宙論的な役割を研究するということであった．

当然のことながら，この問題に最初に取り組んだのはI.ニュートンであった．ケンブリッジ大学の古典学者R.ベントレイに宛てた有名な手紙のなかでニュートンは，もし宇宙の物質が有限な領域のなかで一様に分布しているとすれば，物質はすべて中心に向かって落下するようになり，「そこでひとつの巨大な球状の物質を構成する」ことを認めている．これに対して，もし物質が無限な空間のなかに一様に分布しているならば，物質が落下できるような中心はない．この場合には，宇宙のなかに散在する無限の塊に物質はつぶれるかもしれない——ニュートンはこれらが太陽や恒星の起源であるかもしれないとさえ示唆した．

無限に広がる媒質の力学を扱うことの難しさによって，一般相対論が現われるまでその後の理論の発展はさまたげられた．ここで一般相対論を説明する余裕はないし，いずれにしても，一般相対論は最初に考えられたほどには宇宙論に重要ではないということになった．重力を空間と時間の曲率の効果として説明するのに，アインシュタインが非ユークリッド幾何学の既存の数学理論を用いたということをいえば充分であろう．一般相対性理論が完成して 1 年後の 1917 年にアインシュタインは，全宇宙の空間 – 時間の幾何学を記述するような彼の方程式の解を見出そうと試みた．当時の宇宙論的な考えに従ってアインシュタインは，一様（均質）で等方で，不幸なことに静的であるような解をとくに見つけようと試みた．しかし，そのような解を見出すことはできなかった．これらの宇宙論的な予想に合うようなモデルを得るために，アインシュタインは自分の方程式にいわゆる"宇宙定数"と呼ばれる項を導入して不自然で不合理なものにせざるをえなかった．この項は，もとの理論のエレガンスさを台無しにしたかわりに，遠い距離において重力による引力に釣り合う役目を果たせるようなものであった．

　アインシュタインのモデル宇宙は本当に静的であり，赤方偏移が生じないようなものであった．同じ 1917 年に，アインシュタインの修正理論の別な解がオランダの天文学者 W. ド・ジッターによって得られた．この解は静的なように見え，したがって当時の宇宙論的な考えに従えば受け入

れられるべきものであったにもかかわらず，このモデルは距離に比例した赤方偏移を予測するという注目すべき性質をもっていた！　銀河に大きな赤方偏移が存在することは，当時ヨーロッパの天文学者には知られていなかった．しかし第一次大戦の終り頃，大きな赤方偏移が観測されたというニュースがアメリカからヨーロッパに伝わり，ド・ジッターのモデルはたちまち名声を得た．実際，1922年にイギリスの天文学者 A. エディントンが一般相対論について最初の包括的書物を書いた際，彼は赤方偏移のデータをド・ジッターのモデルを用いて解析した．赤方偏移が銀河の距離に依存することの重大さに天文学者の注意を向けたのは，まさにド・ジッターのモデルであったとハッブル自身は述べている．赤方偏移が銀河の距離に比例することを1929年に発見した際に，彼の脳裏にはこのモデルがあったのだろう．

　今日では，ド・ジッター・モデルは誤ってこのように重要視されていたものと考えられる．第一，このモデルは本当には静的モデルではまったくない——特異な方法で空間座標を導入したために静的に見えたのであるが，モデルにおける"典型的な"観測者間の距離は事実時間とともに増大しているのであって，赤方偏移を生ずるのはこの一般的な後退なのである．また，ド・ジッター・モデルにおいて赤方偏移が距離に比例している理由は，このモデルが宇宙原理を充たしているためにほかならないのである．前に見たように，宇宙原理を充たす理論ではどんなものにおいて

も，銀河の距離と相対速度の間には比例関係が期待されるのである．

いずれにしても，遠い銀河の後退が発見されたことによって，一様かつ等方であるが静的ではない宇宙モデルに対する関心が喚起された．そうなると重力場の方程式における"宇宙定数"は必要ではなくなり，自分のもともとの方程式にそんな改変を加えたことをアインシュタインは後悔することになった．1922年に，もともとのアインシュタイン方程式の一様で等方な場合の一般解が，ロシアの数学者A.フリードマンによって見出された．近代的な多くの宇宙論の数学的基礎になっているものは，アインシュタインあるいはド・ジッターのモデルではなくて，もともとのアインシュタインの重力場方程式にもとづくフリードマンのモデルである．

フリードマンのモデルには，2つのまったく違った型がある．宇宙の物質の平均密度がある臨界値より小さいか等しい場合には，宇宙は空間的に無限でなくてはならない．この場合には，宇宙の現在の膨張は永遠に続く．一方，宇宙の密度がこの臨界値よりも大きいと，物質によってつくられる重力場が宇宙を曲げて自分自身に戻してしまい，球の表面のように果てはないが有限な宇宙である．（すなわち，もしわれわれが真直ぐにどんどん進んでゆくと，いかなる種類の端にぶつかることもなく，出発したところにただ戻ってくる．）この場合には，重力場が強いために結局宇宙の膨張は止まり，宇宙はついには限りなく大きな密度にまで

爆縮する．臨界密度はハッブル定数の平方に比例し，現在一般に受け入れられている 100 万光年につき毎秒 15 キロメートルという値をとると，臨界密度は 1 立方センチにつき 5×10^{-30} グラムとなるが，これは空間の 1000 リットルにつき水素原子が約 3 個である．

フリードマンのモデルにおける典型的な銀河の運動は，地球の表面から上方に投げ上げた石の運動に似ている．もし石が充分速く投げ上げられるか，同じことであるが地球の質量が充分小さければ，石はしだいに遅くなりはするが結局は無限遠に脱出する．これは，宇宙の密度が臨界密度より小さい場合に対応する．一方，石が充分速く投げ上げられないと，石は極大の高さまで上がった後で下に落ちてくる．これはもちろん，宇宙の密度が臨界密度より大きい場合に対応する．

この類推によって，アインシュタインの方程式について宇宙の静的な解を見つけることが，どうしてできなかったかがはっきりする——石が地球表面からどんどん上がっていったり，地上に落下してくるのを見ても驚きはしないが，中空に止まっている石などを想像することはできないのである．膨張宇宙について一般にもたれている誤った概念を破るのにも，この類推は助けになる．われわれの類推で，上昇してゆく石が地球によって反発されているのではないように，銀河はなにか不可解な力に押されて離ればなれになっているのではない．銀河は過去に起きたある種の爆発によって放り出されたために，互いに離ればなれに運動し

ているのである．

1920年代には実感はされなかったが，フリードマン・モデルの詳細な性質の多くがこの類推を用いて，一般相対論に準拠することなく定量的に計算することができる．われわれ自身の銀河系に相対的な任意の典型的銀河の運動を計算するために，われわれを中心に置き，着目した銀河を表面に置くような球を描こう．するとこの銀河の運動は，宇宙の質量がこの球の内部の物質だけでできていて，外部にはなにもないとしたときの運動と厳密に同じである．ちょうど地球の内部に深く穴を掘って，落下する物体の運動を観測するのに似ている——中心に向かっての重力加速度はわれわれのほら穴より中心の近くにある物質の量にだけよっていて，地球の表面がまるでわれわれのほら穴の深さのところにあるように思えることがわかる．この注目すべき結果は，考える系の球対称性にだけ依存していて，ニュートンの重力理論でもアインシュタインの重力理論でも成立する定理に含まれている．この定理の一般相対論的表現は，アメリカの数学者 G.D. バーコフによって1923年に与えられたが，その宇宙論的な重要性は20〜30年の間は認識されなかった．

われわれはこの定理を用いて，フリードマン・モデルの臨界密度を計算することができる（第3図を参照）．われわれを中心にして，ある遠い銀河を表面に置くような球を描くと，球の内部にある銀河の質量を用いてその脱出速度，すなわち表面にある銀河がちょうど無限遠に脱出できるだ

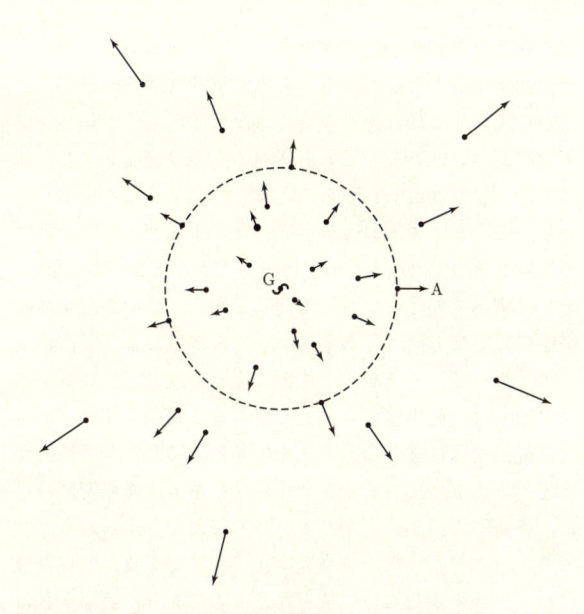

第3図 バーコフの定理と宇宙の膨張　与えられた銀河 G に対する速度を矢の長さと向きで示して，多数の銀河を図示してある．（ハッブルの法則に従って，これらの速度は G からの距離に比例してとってある．）バーコフの定理によれば，G に対する銀河 A の運動を計算するには，破線で示してある，G を中心として A を通る球の内部に含まれる質量だけを考慮すればよい．A が G からあまり遠くなければ，球の内部の物質による重力場は適度なものであり，A の運動はニュートン力学に従って計算することができる．

けの速度を計算することができる．この脱出速度は球の半径に比例することがわかる——球が重ければ重いほど，そこから脱出するには速くなくてはならない．しかしハッブルの法則は，球の表面にある銀河の実際の速度もまた，球の半径つまりわれわれからの距離に比例することを示している．こうして脱出速度は半径に依存するが，銀河の実際の速度とその脱出速度との比は球の大きさには依存しない．それはすべての銀河に対して同じであり，どの銀河を球の中心に置いても同じである．ハッブル定数および宇宙密度の値によって，ハッブルの法則に従って運動しているすべての銀河は，脱出速度を超えて無限遠に脱出するか，あるいは脱出速度に達しなくて未来のある時にわれわれに向かって落下し戻ってくるかのいずれかである．臨界密度は単に，各銀河の脱出速度がハッブルの法則で与えられる速度にちょうど等しくなるような宇宙の密度である．臨界密度はハッブルの定数だけに依存するものであり，実際それは単にハッブル定数の平方に比例することがわかる（数学ノート2, 295 ページ参照）．

　宇宙の大きさ，すなわち任意の典型的な銀河間の距離が時間とともにどのように変わってゆくかの詳細は，同じような議論を用いて導くことができるが，結果はやや複雑である（第4図参照）．しかし，われわれにとって後で非常に重要になる簡単な結果がひとつある．宇宙の初期においては，宇宙の大きさは時間の簡単な冪に従って変わったことである．もし輻射の密度が無視できれば $\frac{2}{3}$ 乗に，また，輻

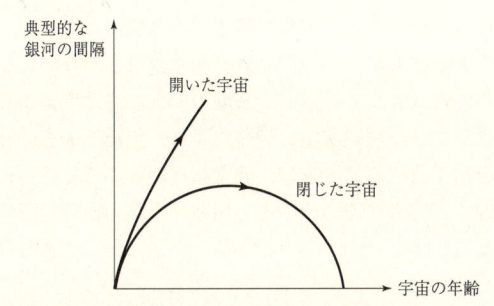

第4図　宇宙の膨張と収縮　2つの可能な宇宙論モデルについて，典型的な銀河の間隔を（任意の単位で）時間の関数として示した．"開いた宇宙"では宇宙は無限である；密度は臨界密度よりも小さく，宇宙の膨張は，減速はするが永遠に続く．"閉じた宇宙"では宇宙は有限である；密度は臨界密度より大きく，宇宙の膨張は結局は止まって収縮に転ずる．これらの曲線は，宇宙定数を含まないアインシュタインの重力場方程式を用い，物質優勢の宇宙に対して計算したものである．

射の密度が物質の密度を超えれば $\frac{1}{2}$ 乗である（数学ノート3，297ページ参照）．フリードマンの宇宙モデルに関して，一般相対論なしには理解することができない様相のひとつは，密度と幾何との関係である——銀河の速度が脱出速度より大きいか小さいかによって，宇宙が開いて無限であるか，閉じて有限であるかということである．

　銀河の速度が脱出速度を超えているか否かがわかるひとつの方法は，銀河の速度がどんな割合で遅くなっているかを測ることである．この減速がもしある値より小さい（あるいは大きい）と，脱出速度を超えられる（超えられない）．

実際にはこのことは，非常に遠方にある銀河について，距離と赤方偏移のグラフの曲り方を測らねばならないということである（第5図を参照）．密度が大きな有限宇宙から密度がより小さな無限宇宙に進むにつれ，距離と赤方偏移の関係を示す曲線の曲り方は，非常に遠いところで平らになってゆく．非常に遠方での赤方偏移－距離の曲線の形を研究することは，"ハッブル・プログラム"としばしば呼ばれている．

ハッブル，サンデイジ，また最近は他の人たちによってもこの研究計画には非常な努力がはらわれた．これまでのところ，断定できるような結果は得られていない．遠い銀河の距離を推定する際に，ケフェウス型変光星とか明るい星を取り出して距離の指標に用いることができず，銀河自身の見かけの明るさから距離を推定しなくてはならないということが難点なのである．われわれが調べる銀河が，どれも同じ絶対光度であるとしているのだが，あまり信頼できる仮定ではない．（前に述べたように，見かけの光度は望遠鏡の単位面積についてわれわれが受ける輻射率であるが，絶対光度は天体からあらゆる方向に放たれる輻射率である．すなわち，見かけの光度は絶対光度に比例し，距離の平方に逆比例する．）そしてこの場合，より遠くを見るほど，絶対光度がより大きい銀河に着目する傾向にあるという選択効果の非常な危険にさらされることになる．さらに具合の悪い問題は，銀河の進化である．非常に遠い銀河では，観測する光がその銀河を出発した数億年も数十億年も昔の姿

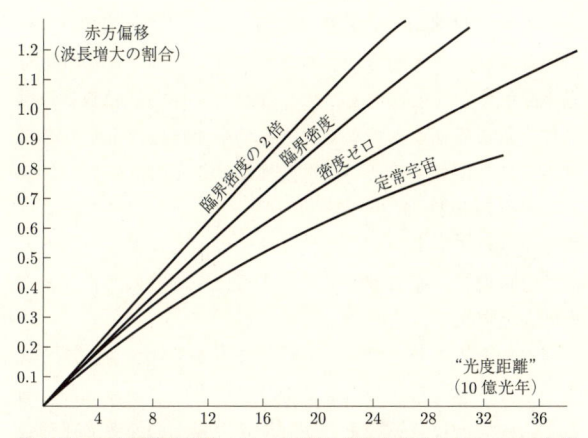

第5図 赤方偏移対距離 4つの可能な宇宙論理論に対して赤方偏移を距離の関数として示した.（正確にいうと，ここでの"距離"は"光度距離"である——本当の光度すなわち絶対光度が知られているとして見かけの光度の観測から求めた距離.）"臨界密度の2倍","臨界密度"および"密度ゼロ"とある曲線は，物質優勢な宇宙に対して宇宙定数を含まないアインシュタインの重力場方程式を用いてフリードマン・モデルで計算されたものであり，それぞれ閉じた宇宙，ちょうど開いた限界の宇宙，そして開いた宇宙に対応している（第4図を参照せよ）．"定常宇宙"とある曲線は，宇宙の姿が時間とともに変化しないどんな理論にも適用される．現在の観測は"定常宇宙"の曲線とよく合ってはいないが，しかし他の可能性のどれであると確実に決定できるわけでもない．非定常理論では，銀河進化の問題が距離の決定に非常な問題を残しているからである．いずれの曲線も，100万光年につき毎秒15キロメートルというハッブル定数の値を用いて描いてあるが（特性膨張時間の200億年という値に対応する），すべての距離尺度を変えればハッブル定数の他の値に対してもこれらの曲線は使うことができる．

をわれわれは眺めているのである．もし典型的な銀河が，当時は現在よりも明るかったとすれば，われわれは距離を過小評価することになる．大きな銀河は，内部の個々の星の進化によるばかりでなく，近くの小さな銀河をとりこんでいっても進化するという可能性が，ごく最近にプリンストン大学のJ.P.オストライカーとS.D.トレメインによって提起されている．銀河進化について，このような種々の様相を量的に的確に理解できるようになるのは，まだまだ先のことであろう．

　現在のところハッブル・プログラムから推論される最善のことは，遠い銀河の減速は充分に小さいということである．このことは，遠い銀河が脱出速度以上の速度で運動していることを意味していると思われ，したがって宇宙は開いていて永久に膨張しつづけるだろう．このことは宇宙密度の推定ともよく合っており，銀河中の可視物質を全部加え合わせても臨界密度の数パーセント以上にはならないように思われるのである．しかしこのことに関しても，不確かさはある．銀河の質量の推定は，近年増大している．またハーバード大学のG.フィールドをはじめとする人たちが示唆するように，銀河間の空間には電離水素ガスがあって，まだ検出されてはいないが，これを考慮に入れると宇宙の臨界密度に達するかもしれないという事情もある．

　幸いなことに，宇宙の開閉に関して結論するためには，宇宙の大規模な幾何について最終的な決定をすることは必要でない．宇宙には一種の地平線があって，宇宙の始まり

に向かって振り返ると，この地平線は急速に縮まってゆくからである．

どんな信号も光速度より速く伝わることはできないから，いかなる時点においても，われわれに影響を与えうる現象というのは，宇宙が開闢して以来の時間内に光線がわれわれのところに到達できるほど，充分われわれの近くで起こった現象だけである．この距離より遠くで起こった現象はどんなものであっても，われわれにはなんの影響も与えることはできない——それは地平線の彼方である．もし宇宙が現在100億歳であるならば，地平線は現在300億光年の距離にある．しかし宇宙の年齢が2,3分であったときには，地平線はわずか2,3光分の距離にあった——地球と太陽間の今の距離より短い．当時は宇宙全体もまた小さかったのであり，われわれの言葉でいえば，任意の2物体の間隔が現在より小さかったのである．しかし開闢に向かって振り返ると，地平線までの距離は宇宙の大きさよりも急速に縮んでゆく．宇宙の大きさは時間の $\frac{1}{2}$ 乗ないし $\frac{2}{3}$ 乗に比例するが（数学ノート3，297ページ参照），地平線までの距離は単に時間に比例するから，宇宙の初期であればあるほど，地平線は宇宙のより小さい部分しか囲んでいない（第6図を参照）．

初期の宇宙においてはこのように地平線が閉じてしまうことの結果として，われわれがより初期の段階を振り返るほど，全体としての宇宙の曲率はあまり問題にならなくなる．こうして，現在の宇宙論と天文観測は宇宙の広がりや

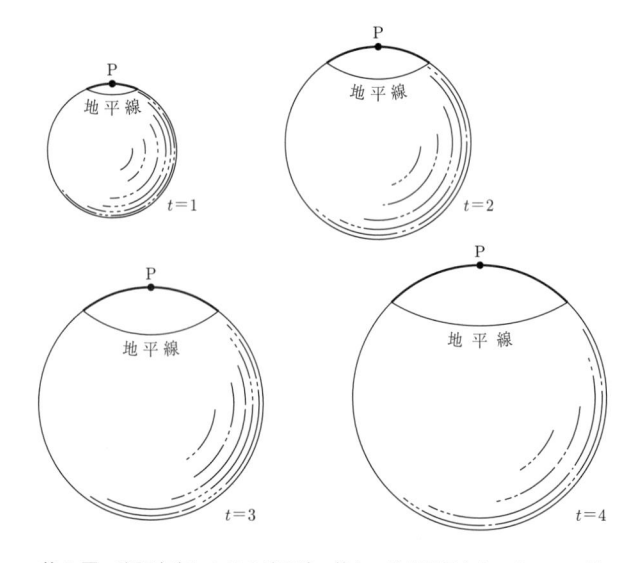

第6図 膨張宇宙における地平線 等しい時間間隔をおいた4つの時点に対して，宇宙はここでは球で象徴してある．与えられた点Pの"地平線"というのは，その向うからは光信号がP点に到達する時間がないような距離である．地平線内の宇宙の部分は，影をつけていない，球の頭部の領域である．Pから地平線までの距離は，単に時間に比例して大きくなる．一方，宇宙の"半径"は，輻射優勢の宇宙に対応して時間の平方根に比例して大きくなる．その結果，宇宙の初期であればあるほど，地平線は宇宙のより小さな部分しか包んでいない．

未来を明らかにしてはいないにもかかわらず，その過去については充分はっきりした描像を与える．

　この章で論じた観測は，壮大でかつ単純な宇宙像をわれわれに与えた．宇宙は一様かつ等方に膨張している——すべての典型的な銀河にいる観測者にとって，すべての方向に，同じパターンの流れが見られる．宇宙が膨張するにつれて，光の波長は銀河間の距離に比例して引き延ばされる．膨張はなんらかの種類の宇宙斥力によるものとは考えられておらず，むしろ過去の爆発で残された速度の効果にすぎないのである．これらの速度は重力の影響を受けてしだいに遅くなっている．しかしこの減速はきわめて小さいようであり，宇宙の物質密度は小さく，宇宙を空間的に有限にしたり，結局膨張を逆転させるにはその重力場は弱すぎることを示唆している．宇宙の膨張を時間の逆向きに計算で外挿することができるが，膨張は 100 億年ないし 200 億年以前に始まったに違いないことを明らかにしている．

Ⅲ
宇宙マイクロ波輻射背景

　前の章で述べたことは,過去の天文学にとっては以前からなじみ深いものであった.カリフォルニアやペルーの山頂から大望遠鏡を夜空に向けようが,肉眼で"北斗七星を戸外に出て眺めようが",舞台の設定はなじみ深いものである.序でも述べたように,それはこれまでたびたび,もっとずっと詳しく述べられてきた話題である.ここで私たちは違った種類の天文学,10年前には書くことができなかった話題に移ろう.われわれが着目するのは,最近の数億年の間にわれわれ自身の銀河系に類似した銀河から放たれた光ではなくて,宇宙開闢の直後から置きざりにされた電波の背景を観測した話である.大学の物理学教室の屋上や,地球大気の上へ飛ぶバルーンやロケット,そして北部ニュージャージー州へと舞台の設定も移る.

　1964年ベル電話研究所は,ニュージャージー州ホルムデルのクロフォード・ヒルに,変わった電波アンテナを建てた.これはエコー衛星による通信のためにつくられたアンテナであるが,超低ノイズで20フィートの角型反射鏡と

いうその特徴は，電波天文学の装置としても有望なものであった．A.A.ペンジャスとR.W.ウィルソンという2人の電波天文学者はこのアンテナを用いて，高い銀緯のところで，すなわち銀河面から離れたところでわれわれの銀河系から放たれる電波の強度を測ろうと考えた．

この種の測定は非常に困難であった．われわれの銀河系からの電波は，ほとんどの天文学的電波源からの電波と同様に，雷雨の最中のラジオで聞こえる"空電"に似た一種のノイズ（雑音）というのが一番ぴったりしている．この電波雑音は，電波アンテナ構造および増幅回路内部での電子の無秩序な運動で生じる電気雑音や，アンテナが地球大気から拾う電波雑音と容易に区別することはできない．恒星とか遠い銀河のように比較的"小さな"電波雑音源を研究する際には，この問題はそれほど深刻ではない．その場合には，電波源となにもない付近の空の間でアンテナ・ビームを交互に切り替えることができる——アンテナ構造や増幅回路，あるいは地球大気に原因するみせかけの雑音は，アンテナを電波源に向けても近くの空に向けてもほぼ同じであるので，それら2つを比較することによって消去することができる．しかしペンジャスとウィルソンは，われわれ自身の銀河系からの電波雑音——実際には空そのものからの電波雑音——を測定しようとしていた．したがって，受信系の内部で生ずる可能性のある電気雑音をすべて同定することが決定的に重要であった．

この受信系の予備テストでは，説明がつくものよりわず

かに余分な雑音が実際に受けられたが，この食い違いは増幅回路で生じる電気的雑音がやや大きかったことによるように思われた．そんな問題を消去するため，ペンジャスとウィルソンはアンテナからの入力を，絶対零度から約4度にまで液体ヘリウムで冷却された人工源で発生する入力と比較する"冷たい負荷"と呼ばれる方法を利用した．増幅回路中の電気雑音はどちらの場合でも同じであるから，比較することによって消去することができ，アンテナから入ってくる入力を直接測ることが可能になる．このようにして測定されたアンテナ出力は，アンテナ構造，地球の大気，および天文学的な電波源によるものだけでできている．

　ペンジャスとウィルソンはアンテナ構造のなかでは電気的雑音はほとんど発生しないと予期したが，それを確かめるために2人は，われわれの銀河系からの電波雑音は無視できると考えられる7.35センチという比較的短い波長で観測を始めた．もちろん多少の電波雑音はこの波長においても地球大気から予想されるが，それは方向によって特有な違いを示すはずである．それはアンテナが向けられている方向での地球大気の厚さに比例するはずで，天頂方向では少なく，地平方向で多いはずである．方向によってこのような特徴をもっている地球大気による分を引き去った後で，実質的にはなんのアンテナ出力も残らないことが予期され，このことはアンテナ構造内で発生する電気的雑音が事実無視できることを確認することになるだろう．こうなって2人ははじめて，銀河からの電波雑音がかなり大きいと予想

される21センチ付近というもっと長い波長で、銀河系そのものの研究へと進むことができるだろうと考えた。

（ついでであるが、波長が7.35センチとか21センチとかいう、波長が1メートルまでの電波は"マイクロ波輻射"と呼ばれている。これらの波長は、第二次大戦の初期にレーダーで用いられたVHF帯の波長よりも短いからそう呼ばれているのである。）

驚いたことにペンジャスとウィルソンは1964年の春、方向に関係なく波長7.35センチのところである程度のマイクロ波雑音が確かに受信されることを見つけた。また、1日の時間がたっても、月が移って季節が変わっても、この"空電"は変化しないこともわかった。それは、われわれの銀河系からやってくるものには思えなかった——もしそうであれば、あらゆる点でわれわれの銀河系に似ているアンドロメダ星雲（M31）もたぶん波長7.35センチで強い輻射を放っているだろうし、そのマイクロ波雑音はすでに観測されているはずであった。いずれにしても、観測されたマイクロ波雑音が方向によってなんの変化も示さないことは、これらの電波がもし本当のものであれば、銀河からやってくるものではなくて、宇宙のもっとずっと大きな領域からのものであることを非常に強く示唆していた。

アンテナそのものが、予想していたよりも余計に電気的雑音を発生しているかどうかを再考することが明らかに必要であった。とくに、1つがいの鳩がアンテナののどの部分をねぐらにしていることがわかっていた。鳩は捕えられ、

ホルムデル電波望遠鏡の前に立つアルノ・ペンジャス（右）とロバート・W. ウィルソン（左）の2人. 背景は1964〜65年に3K宇宙マイクロ波輻射背景を発見するのに用いた20フィート角型アンテナである. この望遠鏡はニュージャージー州ホルムデルのベル電話研究所内にある.（ベル電話研究所撮影）

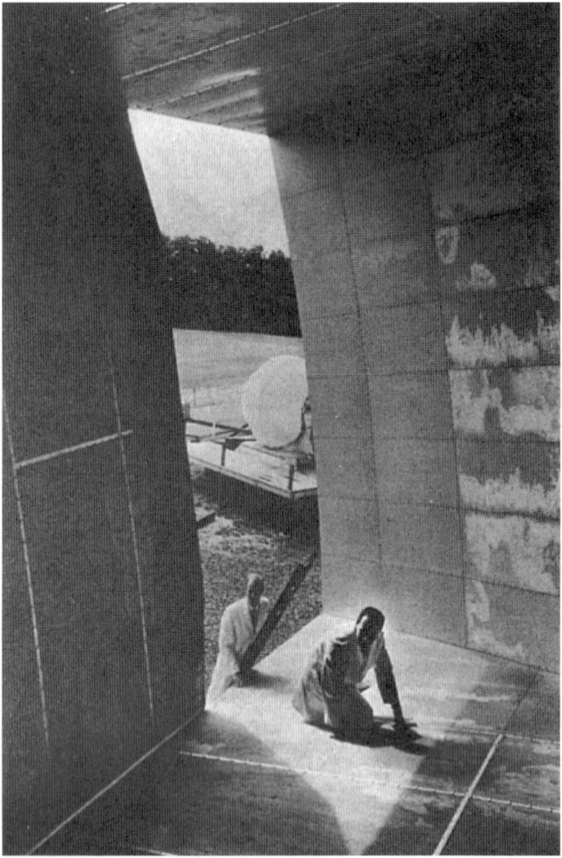

ベル研究所のホィッパニー支所に送られ，放たれたが，2,3日後にホルムデルのアンテナに戻っているのが見つかって，ふたたび捕えられ，結局は始末されてしまった．しかし住みついていた間に，鳩はアンテナののどの部分に，ペンジャスが"白い誘電物質"と呼んだものを塗ってしまい，この物質は室温では電気的雑音の源になったとも思われた．1965年の初めにアンテナののどの部分は分解されきれいに掃除されたが，こうしてみても，また他にあらゆる努力をしても，観測された雑音のレベルはごくわずか減少しただけであった．謎は解けなかった——このマイクロ波雑音はなにによるものだろう？

ペンジャスとウィルソンが手にした一片のデータは，自分たちが観測した電波雑音の強度であった．この強さを示すのに，2人は電波技術者の間でよく使われる言葉を用いたが，この場合には予期せずに適切な言葉となることになった．絶対零度より上の温度にある物体はどんなものでも，物体内の電子の熱運動によって発生する電波雑音をたえず

(左頁) **ホルムデル電波望遠鏡の内部**　ペンジャスがホルムデルにある20フィート角型アンテナのジョイントに絶縁テープをつけており，ウィルソンがのぞいているところである．これは，1964～65年に観測された3Kマイクロ波雑音の原因となっているかもしれない，アンテナ構造からの電気的雑音源となる可能性のあるものをすべて取り除く努力の一部である．このようなあらゆる努力にもかかわらず，観測されたマイクロ波雑音の強度はごくわずか減少しただけであった．そして，このマイクロ波輻射は本当に天文学的起源によるものだと結論せざるをえないことになった．(ベル電話研究所撮影)

放っている.不透明な壁をもった箱の内部では,与えられた波長における電波雑音の強さは壁の温度だけにより,温度が高いほど雑音は強くなる.したがって,与えられた波長で観測された電波雑音の強度を"等価温度"で示すことができる——これは,観測された強度の電波雑音が内部で生ずるような箱の壁の温度である.もちろん,電波望遠鏡は温度計ではない——電波望遠鏡は,電波がアンテナの構造内に誘起するわずかな電流を記録して電波の強度を測るのである.これこれの等価温度の電波雑音を電波天文学者が観測したという場合には,観測された電波雑音の強度をつくるためにアンテナを置かねばならない,不透明な箱の温度という意味にすぎないのである.アンテナがそんな箱の中に置かれているかどうかは,もちろん別な問題である.

(専門家からの文句に機先を制すれば,電波技術者は電波雑音の強さをいわゆるアンテナ温度で示すことがよくあるというべきであろう.これは上に述べた"等価温度"と多少違っているが,ペンジャスとウィルソンが観測した波長と強度では,どちらの定義でも実質的には同じである.)

ペンジャスとウィルソンが受けた電波雑音の等価温度は,絶対零度から約 3.5 度であった(もっと正確には絶対零度から 2.5 度と 4.5 度の間であった).氷が融ける温度ではなく絶対零度を基準にして摂氏目盛りで計った温度は,"ケルヴィン(Kelvin)温度"と呼ばれている(K で示す).したがってペンジャスとウィルソンが観測した電波雑音は 3.5 K の"等価温度"をもっていたということができる.これは

予期されたよりもずっと高かったが,絶対的にはなお非常に低いものだったので,ペンジャスとウィルソンは発表するまでに自分たちの結果をあれこれ考えあぐねたというのも,もっともなことであった.赤方偏移の発見以来これがもっとも重要な宇宙論的な進展であったということは,すぐには明らかでなかった.

この不思議なマイクロ波雑音の意味は,天体物理学者たちの"見えない学校"の作戦によってまもなく明らかにされだした.ペンジャスはたまたまほかのことに関して,仲間の電波天文学者であるマサチューセッツ工科大学のB.バークに電話をした.バークはちょうど別の仲間であるカーネギー研究所のK.ターナーから,プリンストン大学の若い理論家であるP.J.E.ピーブルスがジョンズ・ホプキンス大学で話したことについて聞いたところであった.その話のなかでピーブルスは,現在の等価温度がおよそ10Kであるような,初期の宇宙から取り残された電波雑音の背景が存在すべきであると論じていた.ベル研究所の角型アンテナを使ってペンジャスが電波雑音温度を測定していたことをバークは知っていたので,ペンジャスから電話があった折に彼は,測定がどうなっているかを尋ねた.測定はうまくいっていると答えるとともにペンジャスは,結果についてはどうも理解できないようななにかがあるとつけ加えた.ペンジャスのアンテナが受けているものがなにものであるかについては,プリンストン大学の物理学者たちが面白いアイデアをもっているかもしれないとバークはペンジ

ャスに示唆した.

ピーブルスは自分の講演のなかや 1965 年 3 月に書いたプレプリントのなかで，初期の宇宙のなかに存在していたかもしれない輻射について考察している．"輻射" というのはもちろんあらゆる波長の電磁波を含む一般的な用語で，電波ばかりでなく赤外線，可視光，紫外線，エックス線，およびガンマ線と呼ばれている非常に短波長の輻射を含んでいる（276 ページの表 2 を参照）．そこにははっきりした境界はなく，波長が変わるとひとつの種類の輻射がしだいに別の種類へと移ってゆく．宇宙の最初の数分間に輻射の強い背景が存在していなかったならば，原子核反応が非常に急速に進行したため，現在の宇宙のおよそ 4 分の 3 が水素であるという事実に反して，存在していた水素の大部分が重い元素に "料理" されてしまったとピーブルスは指摘した．この急速な原子核変換を防ぐことができたのは，原子核が形成されると同じように急速に原子核を壊すことができるような，非常に短波長においてきわめて高い等価温度をもつ輻射で宇宙が充たされている場合だけである．

この輻射はその後の宇宙膨張のなかを生き残ったが，宇宙が膨張するにつれて，輻射の等価温度は宇宙の大きさに逆比例して下がりつづけたことはこれから述べることにしよう．（後でわかるように，これは本質的には第 II 章で論じた赤方偏移の効果である．）現在の宇宙も輻射で充たされているべきこと，しかしその等価温度は宇宙の最初の数分間に充たしていたものとくらべるときわめて低いことが導か

れる．最初の数分間におけるヘリウムやさらに重い元素の形成が，現在知られている限度内に輻射背景によって押さえられるためには，輻射は非常に強烈なものでなくてはならなかったので，輻射の現在の温度は少なくとも 10 K はあるだろうとピーブルスは推定した．

10 K という値はやや過大に評価したものであり，この計算はまもなくピーブルスや他の人たちのもっと詳細で正確な計算に代えられたが，それについては第 V 章で論じよう．ピーブルスのプレプリントは，実際にはもとのままでは発表されなかった．しかし彼の結論は本質的には正しかった．すなわち，観測された水素の量から，最初の数分間に宇宙は，あまりに多量の重元素形成がさまたげられるだけのおびただしい量の輻射で充たされていたに違いないことが推論できる．また，それ以来の宇宙の膨張によって宇宙の等価温度は数 K にまで下がり，現在ではすべての方向から同じようにやってくる電波雑音の背景となっているのである．これは，ペンジャスとウィルソンの発見についての自然な説明であるように思われる．したがって，ホルムデルのアンテナが箱の中にあるという意味で——箱は全宇宙なのである．しかし，アンテナが記録した等価温度は現在の宇宙の温度ではなくて，遠い昔に宇宙がもっていて，そのとき以来のおびただしい膨張に比例して低下した温度である．

ピーブルスの研究は，同じような長い一連の宇宙論についての憶測の，もっとも新しいものであった．実際 1940 年代後半に，原子核合成の "ビッグバン（大爆発）" 説が G. ガ

モフとその協同研究者であったR.アルファおよびR.ハーマンによって展開され，1948年にはアルファとハーマンはそれを用いて，現在の温度が約5Kであるような輻射背景が存在することを予測した．同じような計算は1964年にソビエトでYa.B.ゼルドヴィッチによって，またイギリスでは独立にF.ホイルとR.J.テイラーによって行なわれた．ベル研究所およびプリンストン大学の研究グループの人たちは最初この初期の研究を知らなかったし，輻射背景を実際に発見するのになんの影響ももっていなかった．それで，これについては第VI章で詳しく立ち入ることにしよう．第VI章ではまた，この初期の理論的研究によって，どうして宇宙マイクロ波背景を見つけようとしなかったのかという歴史的な謎も取りあげることにしたい．

ピーブルスの1965年の計算を扇動したのは，プリンストンの実験物理学者として名高いR.H.ディッケの考えであった．（ディッケが発明したもののなかには，電波天文学者が用いるマイクロ波技術のかなめになる部分もある．）宇宙の歴史のなかで熱くて高密度な初期の段階から取り残された，なにか観測可能な輻射がないものかどうかを1964年のあるときからディッケは考えはじめていた．彼の憶測は宇宙の"振動"理論にもとづいていたが，それについては最後の章で述べることにしよう．この輻射がどのくらいの温度であるかについては，彼ははっきり憶測していたわけではないが，探測するに値するなにかがあるという本質的な点は充分に認めていた．ディッケは，P.G.ロールと

D. T. ウィルキンソンに，装置をつくってマイクロ波輻射背景を探すように示唆し，2人はプリンストン大学のパルマー物理研究室の屋上に小さな低雑音アンテナを設置しはじめた．（輻射はすべての方向からやってくるので，もっとしっかり焦点を合わせたアンテナ・ビームを使っても得になることはないので，この目的には大きな電波望遠鏡を用いる必要はない．）

　ディッケ，ロール，およびウィルキンソンが測定を完了する前にディッケは，ピーブルスの研究についてバークから聞いたばかりのペンジャスから電話を受けた．彼らはアメリカ天文学会の学会誌『アストロフィジカル・ジャーナル』に1対のレターを発表することにし，ペンジャスとウィルソンは自分たちの観測を発表し，ディッケ，ピーブルス，ロール，およびウィルキンソンはその宇宙論的な解釈を述べることにした．ペンジャスとウィルソンはなお非常に要心深く，自分たちの論文の表題を「4080メガサイクル/秒における過剰アンテナ温度の測定」とした．（アンテナを同調させた周波数は4080メガサイクル/秒すなわち毎秒 4080×100 万サイクルであり，7.35センチの波長に対応している．）2人は，「有効天頂雑音温度を測定したところ……予期したものより約 3.5 K 高い値を与えた」と述べただけで，宇宙論に関しては次のように書いた以外はまったくふれなかった——「観測された過剰な雑音温度を説明できる説のひとつとしては，本号のレターにあるディッケ，ピーブルス，ロールおよびウィルキンソンの説がある」．

ペンジャスとウィルソンが発見したマイクロ波輻射は，実際に宇宙の初めから取り残されたものだろうか？　この問題に決着をつけるため1965年以来行なわれてきた実験の検討に入る前に，われわれは理論的になにを期待するのかを自問することが必要であろう．すなわち，現在の宇宙論の考えがもし正しいとすると，宇宙を充たしているべき輻射の一般的な性質はなにか？　この問題を考えると，最初の3分がたったときや原子核が合成されていた時期だけでなく，それ以来の気が遠くなるほど長い時間の経過のなかで，宇宙が膨張するにつれて輻射にどんな変化が起こるかを考察することになる．

　ここで，これまで用いてきたような電磁波を用いた輻射の古典的な描像をやめて，フォトンという粒子で輻射ができているという，もっと近代的な"量子的"描像を採ることにすると理解が容易である．通常の光の波は一緒に動いているおびただしい数のフォトンで構成されているが，波によって運ばれるエネルギーを非常に正確に測るとすれば，つねにある定まった量の何倍かになっていることがわかるはずで，それを1個のフォトンのエネルギーであると同定する．後でわかるようにフォトンのエネルギーは一般に非常に小さいので，実際上ほとんどの目的では，電磁波があるエネルギーをもっているかのように見える．しかし，原子あるいは原子核と輻射の相互作用は通常1回に1個のフォトンで起こり，そのような過程を研究する場合には波の記述ではなくてフォトンの表現を採ることが必要になる．

フォトンは質量と電荷をもっていないが，それにもかかわらず実在のものである——それぞれのフォトンはあるエネルギーと運動量を運び，運動の向きのまわりに定まったスピンさえもっている．

宇宙のなかを旅すると，個々のフォトンにはなにが起こ

プリンストン電波アンテナ　これは，宇宙輻射背景の証拠を見つけようとした，プリンストンにおける最初の実験の写真である．小さな角型アンテナが木の台の上に，上を向けて設置されてある．アンテナの下でやや右に立っているのがウィルキンソンであり，アンテナの真下に装置にほとんどかくれてロールが立っている．上部が円錐形になった光っている円筒のものは，空からの輻射と比較するのに用いた液体ヘリウムの雑音源を維持する低温装置の一部である．この実験によって，ペンジャスとウィルソンが用いた波長より短い波長において，3 K輻射背景の存在が確認された．（プリンストン大学撮影）

るだろうか？　現在の宇宙を考える限り，あまり変化は起こらない．100億光年彼方にある天体からの光も，まったくそこなわれずにそのまま完全にわれわれのところに届くように思われる．したがって銀河間の空間にどんな物質が存在していようとも，宇宙の年齢のかなりの間フォトンは，散乱されたり吸収されたりすることなく進んでいけるほど充分に透明でなくてはならない．

　しかし，遠い銀河の赤方偏移は宇宙が膨張していることを示しており，宇宙の構成物はかつては現在よりもずっと圧縮されていたに違いない．流体が圧縮されるとその温度は一般に上昇するから，宇宙の物質は過去にはずっと熱かったと推測することができる．実際われわれは，後でわかるように宇宙の初めの70万年にわたっては，宇宙の構成物は星にも銀河にも固まることができなかったし，原子さえ構成原子核や電子に壊れているほど熱くて高密度であった時期が続いたと考えている．

　このような状況のもとではフォトンは，現在の宇宙におけるように障害に会うことなくおびただしい距離を進むことはできなかった．フォトンはその進路において，フォトンを有効に散乱したり吸収したりできる莫大な数の自由な電子と出会っただろう．フォトンが電子に散乱されると一般に，最初にフォトンが電子より余分のエネルギーをもっていたか否かによって，わずかなエネルギーを電子に与えるか，電子からわずかなエネルギーを得るかする．吸収されたり，エネルギーにかなりの変化を受けるまでにフォト

ンが進行できる"平均自由時間"は非常に短かった——宇宙の膨張の特性時間よりもずっと短かった．電子や原子核のような他の粒子に対する，対応する平均自由時間はさらに短いものだった．そのようなために，初期に宇宙は非常に急速に膨張していたが，個々のフォトンや電子や原子核にとって膨張は充分時間がかかっており，宇宙が膨張するにつれて，個々の粒子は散乱や吸収あるいは再放出を何回もくり返すだけ充分な時間があった．

このように，個々の粒子が何回も相互作用をしあうだけの時間があるような系は，平衡状態になることが期待される．ある範囲の性質（位置，エネルギー，速度，スピン，等々）をもった粒子の数は，その範囲に毎秒たたきこまれるのと同数の粒子がたたき出されるような，そんな値に落ちつく．したがってそのような系の性質は，初期条件によってはまったく定められないで，むしろ平衡が維持されるという条件によって定められる．もちろんここでいう"平衡"は粒子が凍結してしまうこと，すなわち各粒子がたえず近くの粒子によってこづき回されていることを意味してはいない．むしろ平衡は統計的なものである——粒子の位置，エネルギー，等々が変化しないか，ゆっくりとしか変化しないような具合に粒子が分布しているのである．

このような統計的性質の平衡は，ふつう"熱平衡"と呼ばれている．この種の平衡状態は，系全体で一様であるような定まった温度によってつねに特徴づけられているからである．実際厳密にいうと，温度を正確に定義することが

できるのは，熱平衡の状態においてだけなのである．"統計力学"と呼ばれている理論物理学の強力で深遠な分野は，熱平衡にある任意の系の性質を計算する数学的な筋書きを与えるものである．

　熱平衡に近づいてゆく機構は，古典経済学で考えられている価格の機構とやや似ている．需要が供給を超えると商品の価格は上がり，有効な需要を打ち切り生産の増加を促進する．もし供給が需要を超えると，価格は下がり，有効な需要を増大させ，それ以上の生産に水をさす．いずれの場合にも，供給と需要が等しくなる方に近づく．同じように，ある特定な範囲でのエネルギー，速度，等々をもった粒子が多すぎたり少なすぎたりすると，この範囲から粒子が出てゆく割合は，そこに入ってくる割合より大きくなり，あるいは小さくなって，ついに平衡に達する．

　もちろん，価格機構は古典経済学で考えられているような具合にいつも働くわけではないが，この類推も同様であり，実際の世界におけるほとんどの物理系は熱平衡からはほど遠い．恒星の中心においてはほとんど完全な熱平衡が達せられており，したがってそこがどんな状態にあるかは，かなりの確信をもってわれわれは推定することができる．しかし地球の表面はどこにも平衡に近いところはなく，したがって明日雨が降るかどうか，われわれには確かでないのである．宇宙はいずれにせよ膨張しているものであるから，それが完全な熱平衡にあったことはない．しかし，個々の粒子が散乱や吸収をする割合が宇宙膨張の割合よりずっと

急速であったような初期の段階には，宇宙はほとんど完全な熱平衡にあるひとつの状態から次の状態へと"ゆっくり"進化しているものと考えることができる．

宇宙がかつて熱平衡の状態を通ってきたということは，この本の議論にとって決定的である．統計力学の結論に従えば，いかなる系でもそれが熱平衡にあるならば，系の温度および 2, 3 の保存される量の密度をひとたび指定すれば，その系の性質は完全に定まってしまう（これに関しては次の章でさらに述べる）．このようなわけで，宇宙はその初期の条件については，きわめて限られた記憶しか保存していない．もしわれわれが宇宙の開闢時を再現したいというのであれば，これは残念なことである．しかし一方では，開闢以来どんなことが起こってきたかを，あまりたくさんの勝手な仮定をすることなしに推測できるという保証も得られるということである．

ペンジャスとウィルソンによって発見されたマイクロ波輻射は，宇宙が熱平衡の状態にあった時期から取り残されたものと考えられていることを前に述べた．したがって，観測されたマイクロ波輻射背景として期待されるのはどんな性質かを調べるためには，物質と熱平衡にある輻射の一般的性質を明らかにすることが必要である．

これはまさしく歴史的に量子論を誕生させた疑問であり，フォトンを用いて輻射を説明しようとした際の疑問である．1890 年代までには，物質と熱平衡の状態にある輻射の性質は温度だけに依存するということがわかっていた．もっと

正確にいうと，任意の波長域においてそのような輻射の単位体積に含まれているエネルギーの量は，波長と温度だけしか含まないような普遍的な公式で与えられるということである．不透明な壁で囲まれた箱の内部にある輻射の量も同じ公式で与えられるので，この公式を用いて電波天文学者は，自分たちの観測した電波雑音の強さを"等価温度"というものを使って表わすことができるのである．完全に吸収するどんな表面からでも，任意の波長において1平方センチから毎秒放たれる輻射の量も本質的には同じ公式で与えられるので，この種の輻射は一般に"黒体輻射"と呼ばれている．すなわち，温度だけにしか依存しない普遍的公式で与えられるような，波長に対してある定まったエネルギー分布によって黒体輻射は特徴づけられていることになる．1890年代の理論物理学者が直面していた最大の問題は，その公式を見つけることであった．

黒体輻射の正しい公式は，19世紀の最後の数週間にM.プランクによって見出された．プランクが得た結果の正確な形は，宇宙マイクロ波雑音として観測された3Kという特定の温度に対して第7図に示してある．プランクの公式は定性的には次のようにまとめることができる——黒体輻射で充たされている箱の中では，どんな波長域におけるエネルギーも波長が長くなるにつれて急激に増大し，極大に達し，その後ふたたび急激に減少する．この"プランク分布"は普遍的なものであり，輻射が相互作用する相手の物質の性質にはよらずに，その温度だけに依存する．今日使

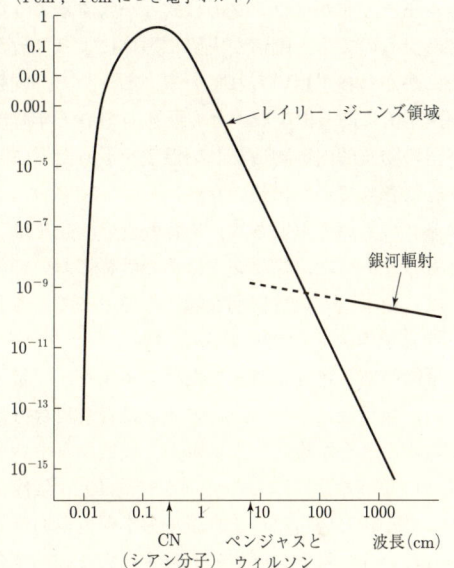

単位体積,単位波長域あたりのエネルギー:3 K
(1 cm³, 1 cm につき電子ボルト)

第7図　プランク分布　3 K の温度をもつ黒体輻射に対し,単位波長域あたりのエネルギー密度を波長の関数として示してある.(3 K よりも f 倍大きな温度に対しては,波長を $1/f$ 倍に短くし,エネルギー密度を f^5 倍だけ増大しさえすればよい.)右側の直線部分は,もっと簡単な"レイリー－ジーンズ分布"によって近似的に記述される;この傾きをもつ線は,黒体輻射でなくても種々の場合に予期される.左側への急な減少は輻射の量子的性質によるもので,黒体輻射に特徴的である."銀河輻射"の線は,われわれの銀河系からの電波雑音の強度を示している.(横軸の矢印は,初めにペンジャスとウィルソンが測定した波長,および星間シアン分子の第1励起回転状態による吸収の測定から輻射温度が推定された波長を示している.)

われているように"黒体輻射"という言葉は，波長に対するエネルギー分布がプランクの公式と一致するような輻射ならどんなものでも，輻射が実際に黒体によって放たれたか否かにかかわらず用いられている．こうして，輻射と物質とが熱平衡にあった少なくとも最初の100万年程度の間は，宇宙の物質的内容物と等しい温度をもった黒体輻射で宇宙は充たされていたに違いない．

プランクの計算の重要さは，黒体輻射の問題をはるかに超えたものであった．プランクはその計算において，エネルギーは"量子"という個別な塊としてやってくるという新しい考えを導入したからである．もともとプランクは，輻射と平衡にある物質に対してだけエネルギーの量子化を考えたが，数年後にアインシュタインは輻射自身も量子となっていることを示唆した．これが，後にフォトンと呼ばれるようになった．これらの発展が結局1920年代になって，まったく新しい言語つまり量子力学が古典力学にとってかわるという，科学の歴史における最大な知的革命のひとつを導くことになった．

この本では，量子力学についてさらに詳しく立ち入ることはできない．しかし膨張宇宙における輻射のふるまいを理解し，フォトンによる輻射の描像によってプランク分布の一般的特徴が導かれる有様を眺めるのに，量子力学は私たちの助けになる．

波長が非常に長いところで黒体輻射のエネルギー密度が落ちる理由は簡単で，大きさがそんな波長より小さい体積

のなかには輻射を合わせることが難しいからである．これは量子論を使わなくても，以前の輻射の振動論によっても簡単に理解できるし，実際理解されていた．

これに対し，非常に短い波長のところで黒体輻射のエネルギー密度が減少することは，輻射の非量子的描像では理解することができなかった．与えられた温度においては，その温度に比例するようなある定まった値より大きいエネルギーをもった，いかなる種類の粒子や波，あるいは他の励起を形成することも難しいというのは，統計力学ではよく知られている結論であった．しかしかりに輻射の小さな波がどのようにでも小さなエネルギーをもてるとすると，非常に短い波長の黒体輻射の全体の量を限定するものはなにもなくなってしまう．このことは実験と矛盾したばかりでなく，黒体輻射の全エネルギーは無限に大きくなるという破壊的な結果が導かれてしまった！　これから逃れるただ1つの道は，エネルギーは塊つまり"量子"としてやってくるのであり，それぞれの塊に含まれるエネルギーの量は波長が短くなるにつれて増大する，したがって与えられた温度においては塊が非常に高エネルギーであるような短波長においては，ほとんど輻射がなくなるのだと考えることであった．アインシュタインによるこの仮説の最終的な定式化においては，いかなるフォトンのエネルギーも波長に逆比例するとした．与えられた任意の温度において黒体輻射には，非常に大きなエネルギーをもった，したがって非常に短い波長のフォトンはきわめて少数しか含まれてお

らず，このようにして短波長におけるプランク分布の減少を説明するものであった．

数値を示すと，波長が 1 センチであるフォトンのエネルギーは 0.000124 電子ボルトであり，波長が短くなるとそれに逆比例して増大する．電子ボルトというのはよく使われるエネルギーの単位で，1 個の電子が 1 ボルトの電位差を横ぎって移動したときに得られるエネルギーに等しい．たとえばふつうの 1.5 ボルトの乾電池は，豆電球のフィラメントの間を飛びわたる電子 1 個につき 1.5 電子ボルトを消費する．(エネルギーのメートル単位では，1 電子ボルトは 1.602×10^{-12} エルグあるいは 1.602×10^{-19} ジュールである．) アインシュタインの法則によると，ペンジアスとウィルソンが同調させた 7.35 センチのマイクロ波波長でのフォトンのエネルギーは，0.000124 電子ボルトを 7.35 で割ったもの，すなわち 0.000017 電子ボルトである．一方，可視光の典型的なフォトンは約 2 万分の 1 センチ (5×10^{-5} cm) の波長をもっており，したがってそのエネルギーは 0.000124 電子ボルトの 2 万倍，すなわち約 2.5 電子ボルトである．いずれの場合もフォトンのエネルギーは日常的な意味ではきわめて小さく，そのためにフォトンは一緒に混じって連続的な輻射の流れのように見える．

ついでであるが，化学反応のエネルギーはふつう 1 個の原子あるいは電子について 1 電子ボルトの程度である．たとえば水素原子からその 1 個の電子を剝ぎとるには，13.6 電子ボルトが必要であるが，これは例外的に激しい化学反

応である．太陽光線中のフォトンも1電子ボルト程度のエネルギーをもっているという事実は，われわれにとってきわめて重要である．すなわち，これらのフォトンが光合成のような生命に欠かせない化学反応を起こすことができるのである．原子核反応のエネルギーは，1個の原子核についてふつう100万電子ボルトの程度であり，そのため1ポンドのプルトニウムがおよそ100万ポンドのTNT（強力爆薬）に匹敵する爆発エネルギーをもっているのである．

フォトンの描像によって，われわれは黒体輻射の主な定性的性質を容易に理解することができる．第1に，統計力学の原理によると典型的なフォトンのエネルギーは温度に比例するが，一方アインシュタインの法則によるとフォトンの波長はそのエネルギーに逆比例する．したがってこの2つの法則を1つにすると，黒体輻射のフォトンの典型的な波長は温度に逆比例する．このことを定量的にいうと，黒体輻射のほとんどのエネルギーが集中している典型的な波長は，1Kの温度で0.29センチであり，温度が高くなるとそれに逆比例して短くなる．

たとえば300K（=27℃）という通常の"室"温にある不透明体は，典型的な波長が0.29センチを300で割った約0.001センチである黒体輻射を放つ．これは赤外輻射の領域にあり，私たちの肉眼で見るには波長が長すぎる．一方，太陽の表面は約5800Kの温度にあり，したがって表面から放たれる光は，0.29センチを5800で割ったところ，すなわち10万分の5センチ（5×10^{-5} cm）あるいは5000

オングストロームの波長のところでもっとも強くなる（1オングストローム単位は1センチの1億分の1，つまり 10^{-8} cmである）．前に述べたようにこれは，私たちの目が効率よく見えるように進化し，"可視"波長と呼んでいる範囲の真ん中にある．これらの波長があまりにも短いという事実のために，非常に小さな穴を通過した光の研究から，回折のような波の伝播に特徴的な現象に気がつき，それによってはじめて光が波の性質をもつことが発見されたのは19世紀の初めになってからである．

　黒体輻射のエネルギー密度が長波長のところで減少するのは，大きさが波長よりも小さい体積中に輻射を入れることが難しいためであることは前にも述べた．実際，黒体輻射におけるフォトン間の平均距離は，大ざっぱに典型的なフォトンの波長に等しい．しかし前に述べたように，この典型的な波長は温度に逆比例するから，フォトン間の平均距離もまた温度に逆比例する．一定の体積中においてはどんな種類のものの数でも，それらの平均距離の3乗に逆比例するから，黒体輻射においては，与えられた体積中のフォトンの数は温度の3乗に比例するという法則が成り立つ．

　これらのことを総合して，われわれは黒体輻射のエネルギー量に関してある結論を引き出すことができる．1リットルあたりのエネルギー，つまり"エネルギー密度"は，1リットル中にあるフォトンの数に，フォトンあたりの平均エネルギーを単に掛ければよい．しかし上に述べたように，1リットルあたりのフォトンの数は温度の3乗に比例し，

一方フォトンの平均エネルギーは温度にただ比例する．したがって黒体輻射における1リットルあたりのエネルギーは，温度の3乗と温度の積に比例することになり，すなわち温度の4乗に比例する．もっと定量的に表わすと，黒体輻射のエネルギー密度は1Kの温度において1リットルあたり4.72電子ボルトであり，10Kの温度では1リットルあたり4万7200電子ボルトとなる（これはステファン-ボルツマンの法則として知られている）．ペンジャスとウィルソンによって発見されたマイクロ波雑音がもし本当に3Kの温度をもつ黒体輻射であるならば，そのエネルギー密度は1リットルにつき4.72電子ボルトの3^4倍，すなわち1リットルにつき約380電子ボルトでなくてはならない．温度が1000倍高かったときには，エネルギー密度は，1兆（10^{12}）倍大きかった．

ここでわれわれは，化石的なマイクロ波輻射の起源に立ち戻ることができる．宇宙には，非常に熱くて密度が高いために原子は原子核と電子に分かれており，自由な電子によるフォトンの散乱によって物質と輻射の間で熱平衡が維持されていたような時代があったに違いないことは，前に見たとおりである．時間がたつと宇宙は膨張して冷え，ついには原子核と電子とが結びついて原子になるほど低い温度（約3000K）に達する．（天体物理学の論文ではふつうこれは"再結合"といわれるが，ここで考えている時点では，それ以前の宇宙の歴史においては原子核と電子は決して原子へと結合していたことはなかったから，これはまこ

とに不適当な言葉である!)自由な電子が突然消えてしまったことにより,輻射と物質の間の接触は絶たれ,その後は輻射は自由に膨張しつづけた.

このことが起こった瞬間において,いろいろな波長における輻射場内のエネルギーは熱平衡の条件によって支配されていたので,それは約 3000 K という物質の温度と等しい温度に対するプランクの黒体輻射の公式で与えられていた.とくに,典型的なフォトンの波長は約 1 ミクロン(1 センチの 1 万分の 1 で 1 万オングストローム)であったろうし,フォトン間の平均の距離もこの典型的な波長とおよそ同じであったろう.

それ以来,フォトンにはなにが起こっただろう? 個々のフォトンは創られることも破壊されることもないから,フォトン間の平均距離は宇宙の大きさに比例して,すなわち典型的な銀河間の平均の距離に比例して単に増大した.しかしわれわれは前の章で,宇宙論的赤方偏移の効果は宇宙が膨張するにつれてあらゆる光の波長を"引き延ばす"こと,したがって個々のフォトンの波長もまたすべて,宇宙の大きさに比例して単に増大するということを見てきた.したがってフォトンは,黒体輻射におけると同様におよそ典型的な波長の間隔をおいたままであった.実際この考えに沿った議論を定量的に追究してゆくと,宇宙が膨張すると宇宙を充たしている輻射はもはや物質と熱平衡にはなかったが,プランクの黒体輻射の公式によって厳密に記述されつづけることを示すことができる(数学ノート 4, 301 ペー

ジ参照).宇宙膨張のただ 1 つの効果は,典型的なフォトンの波長を宇宙の大きさに比例して増大させることである.黒体輻射の温度は典型的な波長に逆比例するから,宇宙が膨張するにつれて宇宙の大きさに逆比例して温度は下がっただろう.

たとえば,ペンジャスとウィルソンが発見したマイクロ波雑音の強さは,およそ 3 K の温度に対応するものであった.これは,物質と輻射を熱平衡に保たせるほど宇宙が充分に熱かった (3000 K) 時から,宇宙が 1000 倍だけ膨張したとしてちょうど予期されるものである.もしこの解釈が正しいならば,3 K の電波雑音は,われわれに観測できるもっとも遠い銀河からの光が放たれるよりもずっと以前に放たれた,これまでのところ天文学者が受けたもっとも古い信号である.

しかしペンジャスとウィルソンは,宇宙電波雑音の強さを 7.35 センチというたった 1 つの波長で測定しただけであった.もしこれが本当に,宇宙の輻射と物質が熱平衡にあったある時期から取り残されて赤方偏移を受けた化石的輻射であるとすれば予想されるように,輻射エネルギーの波長に対する分布がプランクの黒体輻射の公式に合っているか否かを決めることが緊急に重要なことになった.もし期待されるようなものであれば,観測された電波雑音の強度をプランクの公式に合わせて求めた"等価温度"は,すべての波長において,ペンジャスとウィルソンが調べた 7.35 センチの波長におけると同じ値になるはずである.

前にも述べたようにペンジアスとウィルソンの発見がなされた当時，ニュージャージー州（プリンストン大学）では，宇宙マイクロ波輻射背景を検出しようという努力が続けられていた．ベル研究所とプリンストンのグループによって最初の1対の論文が発表された直後，ロールとウィルキンソンは自分たち自身の結果を発表したが，波長が3.2センチにおける輻射背景の等価温度は，絶対温度で2.5度と3.5度の間であった．すなわち実験誤差の範囲内で，3.2センチの波長における宇宙雑音の強度は，輻射がプランクの公式で表わせるとして予想されるのと同じ比率だけ，波長が7.35センチにおけるものより強かったのであった！

1965年以来この化石的輻射の強度は，73.5センチから0.33センチにわたる1ダース以上の波長において電波天文学者によって測定された．これらの測定のいずれも，波長に対するエネルギーの分布は，温度が2.7Kと3Kの間であるとした場合のプランクの分布と矛盾していない．

しかし観測されたものが本当に黒体輻射であると結論する前に，プランクの分布が極大に達する"典型的"な波長は，0.29センチをケルヴィン尺度の温度（絶対温度）で割ったものであるということ，3Kの温度に対しては0.1センチ足らずだということをもう一度思い出す必要がある．すなわち，これらすべてのマイクロ波測定はプランク分布の極大よりも長波長の側でなされたものである．しかし前に見たように，スペクトルのこの部分において波長の減少につれてエネルギー密度が増大するのは，長い波長を小さ

い体積に押しこめることが難しいためだけであり，熱平衡という条件で発生されたのではない輻射を含めて広い種類の輻射場で予想されるものである．（電波天文学者はスペクトルのこの部分をレイリー－ジーンズ領域という——レイリー卿と J. ジーンズによって初めて解析されたからである．）われわれが見ているものが本当に黒体輻射であることを実証するには，プランク分布の極大を超えた短波長領域へ観測をのばし，波長の減少に伴ってエネルギー密度が，量子理論を基礎に予測されるように実際に減ることを確かめることが必要である．0.1 センチより短い波長は，電波ないしマイクロ波天文学の範囲外で，赤外線天文学の新しい学問分野に入る．

具合の悪いことに私たちの住むこの惑星の大気は，0.3センチより長い波長ではほとんど透明であるが，それより短い波長ではどんどん不透明になる．地球上にある電波天文台では，たとえ山の頂上にあるものでも，0.3 センチよりずっと短い波長において宇宙輻射背景を測定できるようには思えない．

奇妙なことであるが，この章でこれまで述べてきた天文学研究のどれよりもずっと以前に，また電波や赤外線天文学者ではなくて光学天文学者によって，もっとずっと短波長において輻射背景は測定されていたのである！ へびつかい座ゼータ星というのはとくに目立ったところはない高温度星であるが，たまたまこの星と地球の間には星間雲がある．へびつかい座ゼータ星のスペクトルにはふつうには

見られない多数の暗い帯が見られ，途中にあるガスが一連のはっきりした波長で光を吸収していることを示している．それらはガス雲の分子を，低いエネルギー状態からより高いエネルギーの状態へと遷移させることができるようなエネルギーをフォトンがちょうどもっているような波長である．（原子と同様に分子は離散した状態，つまり"量子化された"エネルギーの状態にだけ存在する．）したがって暗い帯が見られる波長を観測して，それらの分子の正体に関して，またそれらがどんなエネルギー状態にあるかについて推定することができる．

へびつかい座ゼータ星のスペクトルに見られた吸収線のひとつは，波長が3875オングストローム（1センチの100万分の38.75）のところにあり，1個の炭素と1個の窒素原子でできたシアン（CN）分子が星間雲中に存在していることを示していた．（通常の条件のもとでは，これは急速に別の原子と結合して有毒なシアン化水素（HCN）のようにもっと安定した分子を形成するので，厳密にいうとシアン（CN）は"基"というべきであるが，星間空間ではシアンは非常に安定である．）1941年にW.S.アダムスとA.マッケラーはこの吸収線が実際には分かれていて，波長がそれぞれ3874.608オングストローム，3875.763オングストローム，および3873.998オングストロームという3つの成分からできていることを見つけた．このうち最初の波長は，シアン分子がもっとも低いエネルギーの状態（"基底状態"）から振動状態に励起されることに対応するもので，シ

アン分子がかりにゼロの温度にあっても形成されると予想されるものであった．しかし他の2本の吸収線は，基底状態のすぐ上にある回転状態から別の振動状態へとシアン分子を持ち上げる遷移によってしか生じないものであった．したがって，星間雲中にあるシアンのかなりの部分は，この回転状態になくてはならない．基底状態とその回転状態の間のエネルギー差はわかっていたので，その値や，種々の吸収線が観測される相対的な強さを用いてマッケラーは，シアン分子を回転状態に持ち上げられるような，約 2.3 Kの有効温度をもつなにかの種類の摂動にシアンがさらされていたと推定することができた．

この神秘的な摂動を宇宙の起源と関連づけるような理由があるようには当時は考えられなかったし，このことはあまり注目されなかった．しかし 1965 年に 3 K 宇宙輻射背景が発見された後で，へびつかい座の雲においてシアン分子の回転を形成するものとして 1941 年に観測された摂動がまさにこれであることが明らかにされた（G. フィールド，I.S. シュクロフスキー，および N.J. ウールフによる）．この回転を形成するのに必要な黒体フォトンの波長は 0.263 センチであり，地上からの電波天文学で観測できるどんな波長よりも短いが，3 K のプランク分布で期待されるような 0.1センチ以下の波長での急速な弱まりを調べられるほど短くはない．

それ以来，他の回転状態にあるシアン分子の励起によって生ずる別の吸収線や，さまざまな回転状態にある別の分

子の励起による吸収線などが探し求められた．1974年には星間シアン分子の第2回転状態による吸収が観測されて，0.132センチの波長での輻射の強さが推定されたが，やはり約3Kの温度に対応していた．しかしこのような観測は，波長が0.1センチより短いところでの輻射のエネルギー密度に対して，これまでのところ上限を与えているだけである．輻射が黒体輻射の場合に期待されるように，波長が0.1センチ付近のどこかで輻射のエネルギー密度が急に減少しはじめることをこれらの結果は示唆しているので，私たちは大いに勇気づけられている．しかしこれらの上限値では，輻射が本当に黒体輻射であることを検証することも，正確な輻射温度を決定することもできない．

この問題に迫ることができるのは，バルーンかロケットによって地球大気の上に赤外検出器を上げることだけである．このような実験は異常に難しく，最初のうちは，標準的な宇宙論あるいはその反対理論を支持する人たちの，どちらにも好都合なような矛盾した結果が交互に出た．コーネル大学のロケット・グループは短い波長において，プランクの黒体輻射分布で期待できるものよりずっと余計な輻射を見つけたが，一方マサチューセッツ工科大学のバルーンで観測したグループが得た結果は，黒体輻射で予期されるものと大ざっぱに矛盾しないものであった．どちらのグループも実験を続け，1972年までにはどちらも，3Kに近い温度の黒体分布を示唆する結果を報告した．1976年にバークレーのバルーン・グループは，0.25センチから0.06

センチの範囲で,輻射のエネルギー密度は短波長に向かって減少しつづけることを確認した.宇宙輻射背景が本当に3Kに近い温度の黒体輻射であることは,いまや決着がついたように思われる.

このことに関して読者は,どうして赤外検出装置を人工衛星に搭載し,地球大気の上部で充分に時間をかけて正確な測定を行なってこの問題に決着をつけなかったのかといぶかると思う.どうしてそれができなかったのかは,私にも本当のところはよくわからない.ふつういわれている理由は,3Kというような低い輻射温度を測るためには装置を液体ヘリウム("冷たい負荷")で冷やす必要があり,この種の低温装置を人工衛星に搭載させる技術がまだできていないということである.しかし,このような本当に宇宙論的に重要な研究には,多額の宇宙開発費を使う価値があると思わざるをえない.

宇宙輻射背景の波長による分布とともにその方向による分布を考えると,地球大気圏外における観測の重要性はいっそう大きいように思われる.これまでのすべての観測は,完全に等方的な,すなわち方向にまったくよらない輻射背景と矛盾しない.前の章でふれたように,このことは宇宙原理を支持するもっとも有力な論拠である.しかし,宇宙輻射背景にもともとあるかもしれない方向による違いを,単に地球大気の影響によるものと区別することは非常に困難である.実際輻射背景温度を測定するにあたっては,輻射背景は等方的であると仮定して地球大気からの輻射と区

別しているのである．

　マイクロ波輻射背景の方向性を研究することがどうしてそんなにすばらしいテーマかというと，輻射背景の強さは完全には等方的であると期待されていないからである．輻射が放たれた時点において，あるいはそれ以来の宇宙の実際のこぶのために，方向のわずかな違いによって輻射の強さには変動があるかもしれない．たとえば，形成の第1段階にある銀河は空で暖かい場所として現われ，平均よりわずかに高い黒体温度がおそらく角度で 0.5 分を超えて広がっているだろう．さらに，宇宙における地球の運動によって，全天のまわりで輻射の強さがわずかになめらかに変化することはほとんど確かである．地球は毎秒 30 キロメートルの速さで太陽のまわりを回り，太陽系は私たちの銀河系の回転によって毎秒約 250 キロメートルの速さで運ばれている．宇宙における典型的な銀河の分布に対してわれわれの銀河がどんな速さをもっているか，正確なことは誰にもわからないが，おそらくある方向に向かって毎秒 200〜300 キロメートルで動いているだろう．たとえば宇宙の平均的物質に相対的に，したがって輻射背景に相対的に，地球が毎秒 300 キロメートルの速さで動いていると考えれば，地球の運動の向点あるいは背点からの輻射の波長は，毎秒 300 キロメートルの速さと光速度との比率，すなわち 0.1 パーセントそれぞれ減少あるいは増大するはずである．こうして等価輻射温度は，地球が動いている向きでは平均より約 0.1 パーセント高く，その逆の方向では約 0.1 パーセ

ント低くなり,方向によってなめらかに変わるはずである. 等価輻射温度に見られる方向性について,この数年間に測定されたもっとも良い上限はちょうど約 0.1 パーセントであり,宇宙における地球の速度測定がほとんどできそうだが充分ではないという,まことに歯がゆい状況にある.地球を回る人工衛星からの測定が実現するまで,この問題に決着をつけることはできないだろう.(この本の最終校正の段階で,アメリカ航空宇宙局(NASA)の J. マザーから宇宙背景探索衛星ニュースレター 1 号を私は受け取った.宇宙空間から赤外およびマイクロ波輻射背景の可能な測定を研究するため,マサチューセッツ工科大学の R. ワイスのもとに 6 人の科学者チームを任命したことを報告している.ボン・ヴォヤージュ.)

宇宙マイクロ波輻射背景は,宇宙の輻射と物質とがかつては熱平衡の状態にあったことの強い根拠になっていることは前に述べた.しかし,等価輻射温度について観測された 3 K という特定の値からは,宇宙論的な洞察をあまり得ていない.実際この輻射温度によってわれわれは,宇宙の最初の 3 分間の歴史を追うのに必要なひとつの重要な数を決定することができる.

前に見たように,与えられたどんな温度においても,単位体積中に含まれるフォトンの数は典型的な波長の 3 乗に逆比例し,したがって温度の 3 乗に比例する.1 K の温度に対して 1 リットル中には厳密に 2 万 282.9 個のフォトンがあるので,3 K の輻射背景は 1 リットルにつき約 55 万

個のフォトンを含んでいる．しかし，現在の宇宙における核子（中性子と陽子）の密度は 1000 リットルにつき 6 個と 0.03 個の間である．（この上限値は第Ⅱ章で述べた臨界密度の 2 倍であり，下限値は可視銀河で実際に観測されている密度の低い推定値である．）このように，核子密度の実際の値によって，現在の宇宙の核子 1 個について 1 億個ないし 200 億個のフォトンが存在する．

　フォトンと核子とのこの大きな比率は，非常に長い間ほぼ一定であった．輻射が自由に膨張してきた期間にわたって（温度が約 3000 K 以下に下がって以来），背景のフォトンおよび核子は生成されることも破壊されることもなかったので，それらの数の比は当然一定に保たれた．個々のフォトンが生成，破壊されていたもっと初期においてさえも，この比はほぼ一定であったことが次の章でわかる．

　宇宙初期の歴史にわれわれが立ち戻って見ることができる限り，1 個の中性子か陽子に対して 1 億個ないし 200 億個のフォトンがあった——これがマイクロ波輻射背景の測定から引き出されるもっとも重要な定量的な結論である．不必要にあいまいにならないため，これから先では説明のためにこの数字をまとめて，宇宙の平均的内容物では核子 1 個に対して，現在もまたこれまでもちょうど 10 億個のフォトンがあったものと考えることにする．

　これから導かれるひとつの非常に重要な結論は，電子が原子に捕獲されるほど充分に宇宙の温度が下がるまでは，銀河や星への物質の分化は始まることができなかったとい

うことである．物質のこぶが，ニュートンが心に描いたように重力によって隔離された塊になるためには，物質およびそれに関連した輻射の圧力に重力が打ち勝つことが必要である．発生しかけた塊のなかの重力は塊の大きさに応じて増大するが，圧力は大きさにはよらない．したがって与えられた密度と圧力においては，重力で塊になることができる最小の質量が存在する．これは，1902年にジーンズによって初めて星形成の理論に導入されたため"ジーンズ質量"と呼ばれており，それは圧力の $\frac{3}{2}$ 乗に比例するということがわかっている（数学ノート5，304ページ参照）．電子が捕獲されて原子をつくるようになる直前，すなわち約3000 K の温度においては輻射の圧力は莫大であり，それに応じてジーンズ質量は大きく，大きな銀河の質量にくらべても100万倍程度も大きかった．銀河はもちろんのことその集団さえも，この時期に形成されるほど大きくはない．しかしその後まもなく電子は原子核とともに原子をつくり，こうして自由な電子が消失すると宇宙は輻射に対して透明になり，したがって輻射の圧力は有効でなくなった．与えられた温度と密度において，物質や輻射の圧力は，それぞれ粒子あるいはフォトンの数に単に比例する．したがって輻射の圧力が効かなくなった時点で，有効な全圧力は10億の因子で小さくなった．ジーンズ質量はこの因子の $\frac{3}{2}$ 乗だけ小さくなり，銀河質量の100万分の1程度となった．それから以後は，われわれが空に見るような銀河に物質が固まるのに抵抗するには，物質の圧力だけではまったく弱

すぎた.

このことは,どのようにして銀河が形成されたかが実際にわかったということをいっているのではない.銀河形成の理論は天体物理学のもっとも際立った問題のひとつであり,現在なおその解決には遠いと思われる問題である.しかし,それは別な問題である.われわれにとって重要な点は,温度が約3000 K よりも高いような初期の宇宙においては,宇宙は現在空に見られるような銀河や星からできていたのではなくて,電離していて分化していない物質と輻射のスープでできていたという点である.

フォトンと核子の比がきわめて大きいことから導かれる別な結論は,宇宙の物質に含まれているエネルギーよりも輻射のエネルギーが大きかったような時代が,相対的にそんなに遠い過去ではない時期にあったに違いないということである.核子の質量のエネルギーは $E=mc^2$ というアインシュタインの公式によると,約 939×100 万電子ボルトとなる.3 K 黒体輻射中のフォトンの平均エネルギーはこれよりはるかに小さくて約 0.0007 電子ボルトであるから,中性子や陽子に対して 10 億個のフォトンがあっても,現在の宇宙のエネルギーのほとんどは,輻射ではなくて物質の形態をとっている.しかし宇宙の初期においては温度はもっと高く,したがってフォトンのエネルギーは高かったが,一方中性子や陽子の質量中のエネルギーはつねに同じであった.核子 1 個について 10 億個のフォトンがあったとすると,輻射のエネルギーが物質のエネルギーを超えるため

には，黒体のフォトンの平均エネルギーが核子質量のエネルギーの10億分の1，すなわち約1電子ボルトよりも大きければ充分である．これは，現在における温度より約1300倍だけ温度が高い場合，すなわち約4000 Kより高い場合に起こることである．この温度が，宇宙のエネルギーのほとんどが輻射の形をとっていた"輻射優勢"の時代と，ほとんどのエネルギーが核子の質量にあるという現在の"物質優勢"の時代との遷移を印している．

　輻射優勢の宇宙から物質優勢の宇宙への遷移が，宇宙の内容物が約3000 Kで輻射に対して透明になったのとほとんど時を同じくして起こったということは，驚くべきことである．これについては興味深い示唆は出されているが，なぜそうなっているのか本当のことは誰にもわかっていない．また，どちらの遷移が初めに起こったのかも，われわれにはわかっていない．かりに現在，核子1個について100億個のフォトンがあるとすれば，温度が400 Kに下がるまで，すなわち宇宙の内容物が透明になってからずっと後まで，輻射は物質よりも優勢でありつづけたろう．

　これらの不確かさは，初期の宇宙についての私たちの物語のあまり邪魔にはならない．われわれにとって重要なことは，宇宙の内容物が透明になるよりずっと前にはいつでも，宇宙はわずかな物質で汚染されていたが，主として輻射でできていたと考えることができるという点である．初期の宇宙における輻射の莫大なエネルギー密度は，宇宙が膨張するにつれてフォトンの波長が赤い側へ偏移したこと

によって失われ，核子と電子という汚染物が残って現在の宇宙の恒星や岩石や生き物に生長した．

IV
熱い宇宙の処方

　前の2つの章で論じた観測によって，宇宙が膨張していること，現在は温度が約3Kである普遍的な輻射背景によって宇宙が充たされていることが明らかにされた．この輻射は，宇宙が実質的に不透明であったときから取り残されたものと考えられ，その時期は宇宙が現在より約1000倍小さく，約1000倍熱かった頃である．（ここでもそうであるが，宇宙が現在より1000倍小さいという場合には，典型的な粒子対の間の距離が現在より1000倍小さかったということを単に意味している．）宇宙の最初の3分間を考える最後の準備としてわれわれは，宇宙がさらに小さくて熱かったもっと初期にまで，振り返って眺めなくてはならない．当時の物理的状態を調べるために用いるのは，光学望遠鏡や電波望遠鏡ではなくてむしろ理論の目である．

　宇宙が現在より1000倍も小さくて，宇宙の物質的内容物がまさに輻射に対して透明になりかけていたとき，宇宙はまた輻射優勢の時代から現在の物質優勢の時代へと移っていったことを，第III章の終りに注意した．輻射が優勢な

時代には，核子1個に対して現在と同じだけ莫大な数のフォトンが存在していたばかりでなく，個々のフォトンのエネルギーが充分に高かったので，宇宙のエネルギーの大部分は質量ではなくて輻射の形態をとっていた．（フォトンは質量をもたない粒子であり，量子論によると光を構成している"量子"であることを思い出してほしい．）したがってその時代の宇宙は充分良い近似で，本質的にはまったく物質を含まずに純粋に輻射で充たされているものと考えることができる．

この結論には，ひとつ重要な条件をつけ加えなくてはならない．この章で明らかになるように，純粋な輻射の時代は，実際には最初の2,3分がたって宇宙の温度が20〜30億K以下に下がってやっと始まったのである．それ以前には物質が重要であったが，現在の宇宙が構成されているのとは非常に違った種類の物質であった．しかしそこまでさかのぼって眺める前に，最初の2,3分がたったときから，数十万年が経過してふたたび物質が輻射よりも重要になったときまでの本当の輻射の時代を，最初にまず簡単に考えることにしよう．

この期間における宇宙の歴史をたどるためには，与えられた時点ごとにすべてのものがどのくらい熱かったかを知っていればよい．あるいは別の言い方をすると，膨張するにつれて，宇宙の大きさと温度がどう関係しているのかということである．

もし輻射が自由に膨張していると考えることができるな

らば，この問題には容易に答えられる．それぞれのフォトンの波長は，宇宙が膨張するにつれて宇宙の大きさに比例して（赤方偏移によって）単に引き延ばされた．さらに前の章で見たように，黒体輻射の平均の波長は温度に逆比例する．したがって現在もそうであるように，宇宙の温度はその大きさに逆比例して下がってきた．

　理論的な宇宙論研究者にとって幸いなことに，輻射は本当には自由に膨張してはいなかった——フォトンが比較的少数の電子および核子と急速に衝突することによって，輻射が優勢な時代において宇宙の内容物は不透明であった——という事実を考慮に入れても同じこの簡単な関係は成り立つ．衝突と衝突の間フォトンが自由に飛んでいる間に，その波長は宇宙の大きさに比例して増大したろうし，1個の核子あたりあまりに多数のフォトンがあったため逆は成り立たなかったが，衝突はただ物質の温度が輻射の温度に従うようにしただけであった．こうして，たとえば宇宙が現在より1万倍小さかったときには，温度はそれに逆比例して現在より高く，すなわち約3万Kであった．

　結局宇宙の歴史をよりさかのぼって振り返るにつれて，温度があまりにも高くて，フォトン相互の衝突によって，純粋なエネルギーから物質粒子を生成できるような時期にゆきあたる．このようにして純粋な輻射エネルギーから生成された粒子は，宇宙の最初の2,3分間は種々の原子核反応の割合を定めるうえでも，また宇宙膨張の割合そのものを決定するうえでも，輻射と同じように重要であったこと

をこれから明らかにしようと思う．したがって，ごく初期に宇宙でどんなことが起こったかをたどってゆくためには，輻射のエネルギーから大量の物質粒子を生成するには宇宙がどのくらい熱くなければならなかったか，またこうしてどのくらいの数の粒子が生成されたのかを知る必要が出てくる．

輻射から物質が生成される過程を理解するには，光の量子的描像を用いるのがもっともよい．輻射の 2 個の量子つまりフォトンが衝突し消滅するだろうが，そのすべてのエネルギーと運動量は 2 個あるいはそれ以上の物質粒子の生成に使われる．（今日の高エネルギー原子核物理実験室においてこの過程は間接的に実際観測されている．）しかしアインシュタインの特殊相対性理論によれば，物質粒子はたとえ静止していても $E=mc^2$ という有名な公式で与えられる"静止エネルギー"をもっている．（ここで c は光速度である．これが，原子核の質量の一部が消滅するような原子核反応で解放されるエネルギーの源である．）したがって，2 個のフォトンが正面衝突して質量が m の物質粒子 2 個をつくるためには，それぞれのフォトンのエネルギーが少なくとも各粒子の静止エネルギー mc^2 に等しくなくてはならない．各フォトンのエネルギーがもし mc^2 より大きければ反応はいっそう起き，余分のエネルギーは物質粒子に速い速度を与えることになる．しかしフォトンのエネルギーが mc^2 より小さければ，これら特定の粒子の質量を生成するのに充分なエネルギーさえもないから，2 個のフォトンの

衝突によって質量が m の粒子は生成されえない.

物質粒子を生成するのに輻射がどのくらい有効かを判断するには，輻射場における個々のフォトンの特徴的なエネルギーを知らなくてはならない．私たちの現在の目的には，簡単な大ざっぱな方法でこれを推定することができる．すなわち，特徴的なフォトンのエネルギーを求めるには，輻射の温度に，ボルツマン定数と呼ばれる統計力学の基本的定数を掛ければよい．（L. ボルツマンはアメリカの W. ギッブスとともに近代的な統計力学の創始者である．1906 年に彼は自殺し，彼の研究に対する哲学的な反対が少なくとも一因であったといわれたが，すべてそれらの論争はとうに決着がついている．）ボルツマン定数の値は絶対温度 1 度につき 0.00008617 電子ボルトである．たとえば，宇宙の内容物がまさに透明になりかけていた 3000 K の温度では，各フォトンの特徴的エネルギーは，ほぼ 3000 K にボルツマン定数を掛けたもの，すなわち 0.26 電子ボルトであった．（1 電子ボルトというのは，1 個の電子が 1 ボルトの電位差を移動して得られるエネルギーである．典型的な化学反応のエネルギーは原子あたり 1 電子ボルトの程度である．そのため 3000 K 以上の温度にある輻射は，電子のかなりのものを原子に捕えられないようにしておくほど熱いということになる．）

フォトンの衝突によって質量が m の物質粒子を生成するためには，フォトンの特徴的なエネルギーが少なくとも静止している粒子のエネルギー mc^2 に等しくなくてはならな

いことは前に述べた．フォトンの特徴的なエネルギーは温度とボルツマン定数の積であるから，輻射の温度は少なくとも静止エネルギー mc^2 をボルツマン定数で割った程度でなくてはいけないことになる．すなわち，いろいろな型の物質粒子に対しては，静止エネルギー mc^2 をボルツマン定数で割ったもので与えられるような"しきい（敷居）温度"があるということであり，輻射エネルギーからその型の粒子が生成できる前には輻射の温度はそれに達していなくてはならない．

たとえば，現在知られているもっとも軽い物質粒子は電子 e^- と陽電子 e^+ である．陽電子は電子の"反粒子"である——電子と反対の（負のかわりに正の）電荷をもっているが質量とスピンは同じである．陽電子が電子と衝突すると，電荷は打ち消され，2つの粒子の質量に含まれるエネルギーは純粋な輻射として現われる．陽電子が日常生活できわめて稀なものであるのはもちろんこのためであり，長く存在しないうちにたちまち電子を見つけて消滅する．（陽電子は1932年に宇宙線中で発見された．）消滅の過程は逆向きに進行することも可能で，充分なエネルギーをもった2個のフォトンは衝突して電子–陽電子対をつくることができ，フォトンのエネルギーは電子と陽電子の質量に転換される．

2個のフォトンが正面衝突して電子と陽電子とをつくるためには，それぞれのフォトンのエネルギーは1個の電子あるいは陽電子の質量に含まれる"静止エネルギー" mc^2 を超えていなくてはならない．このエネルギーは 0.511003×100

万電子ボルトである.フォトンがこの莫大なエネルギーをもつ可能性が大きいしきい温度を求めるため,このエネルギーをボルツマン定数(絶対温度1度につき0.00008617電子ボルト)で割ると,しきい温度は60億度(6×10^9 K)となる.これより温度が高ければ,フォトン同士の衝突によって電子と陽電子は自由に生成されるし,したがって非常に多数が存在していた.

(輻射から電子と陽電子を生成するとして導いた60億Kのしきい温度は,現在の宇宙のなかでふつうに現われるどんな温度よりもずっと高いことは明らかである.太陽の中心でさえ,約1500万度の温度である.光が明るいときでも,空虚な空間のなかで電子と陽電子がはじけ出すのが見られないのはこのためである.)

どんな型の粒子についても,同様なことがいえる.自然界にあるすべての型の粒子に対して,正確に同じ質量とスピンをもつが反対の電荷をもっている,対応する"反粒子"が存在するというのは近代物理学の基本的法則である.唯一の例外はフォトン自身のような純粋に中性なある粒子の場合で,これは自分自身が反粒子になっていると考えることができる.粒子と反粒子の関係は相互的なもので,陽電子は電子の反粒子であり,電子は陽電子の反粒子である.エネルギーさえ充分に与えられれば,1対のフォトンの衝突によっていかなる種類の粒子-反粒子対を生成することもつねに可能である.

(反粒子の存在は,量子力学の原理とアインシュタイン

の特殊相対性理論からの直接的な数学的帰結である．電子の反粒子が存在することはP. A. M. ディラックによって1930年に初めて理論的に導かれた．自分の理論に未知の粒子を導入することを望まずにディラックは，電子の反粒子を，当時知られていた唯一の正に荷電した粒子である陽子に同定した．1932年に陽電子が発見されて反粒子の理論は実証され，同時に陽子が電子の反粒子でないことも示された．陽子はそれ自身の反粒子をもっている．カリフォルニア州のバークレーで1950年代に発見された反陽子である．）

電子および陽電子に次いでもっとも軽い粒子の型は，一種の不安定な重い電子であるミュー粒子 μ^- およびその反粒子である μ^+ である．電子と陽電子の場合とまったく同様に，μ^- と μ^+ は反対の電荷をもっているが質量は同じであり，フォトンが互いに衝突することで生成しうる．μ^- および μ^+ はそれぞれ 105.6596×100 万電子ボルトに等しい静止エネルギー mc^2 をもっており，ボルツマン定数で割ると，対応するしきい温度は1兆2000億度（1.2×10^{12} K）である．他の粒子に対するしきい温度は274ページの表1に与えてある．この表を調べると，宇宙の歴史のいろいろな時点に，どの粒子が大量に存在できたかがわかる——しきい温度がそのときの宇宙の温度より低かった，そんな粒子である．

しきい温度より高い温度において，これらの物質粒子はどのくらいの数が実際に存在していただろうか？　初期の宇宙における高い温度と密度の条件において，粒子の数は

熱平衡の基本的条件によって支配された——すなわち，粒子の数は非常に大きかったに違いないから，毎秒生成されていたのと厳密に同数の粒子が破壊されていた（供給が需要に等しい）．与えられた粒子 - 反粒子対が2個のフォトンに消滅する割合が，同じエネルギーをもつ任意の与えられた1対のフォトンがそのような粒子と反粒子に変わる割合とほぼ同じである．したがって熱平衡の条件によれば，しきい温度が実際の温度よりも低いようなそれぞれの型の粒子の数は，フォトンの数にほぼ等しくなくてはならない．もしフォトンよりも粒子の数が少なければ，粒子は壊されるよりも速く生成されてその数は増えるし，もしフォトンより多数の粒子があれば，粒子は生成されるよりも速く壊されて数が減少する．たとえば60億度というしきい温度より高い温度では，電子と陽電子の数はフォトンの数とおよそ同じであったに違いないし，そのときの宇宙はフォトンだけではなくて，主としてフォトン，電子，および陽電子でできていたと考えることができる．

しかし，しきい温度より高い温度では，物質粒子はまるでフォトンのようにふるまう．粒子の平均エネルギーは温度とボルツマン定数の積にほぼ等しいから，温度がしきい温度よりずっと高いと，平均エネルギーは粒子の質量エネルギーよりはるかに大きく，質量は無視することができる．そんな条件のもとでは，与えられた型の物質粒子によって寄与される圧力とエネルギー密度は，フォトンに対するのと同様に温度の4乗に単に比例する．こうして私たちは，

与えられた時点における宇宙が，その時点において宇宙の温度より低いしきい温度をもっているような種類の粒子に対応する型の，種々の型の"輻射"でできていると考えることができる．とくにある時刻における宇宙のエネルギー密度は，温度の4乗と，その時刻において宇宙の温度よりもしきい温度が低いような粒子の種類の数とに比例する．温度があまりにも高くて粒子-反粒子対が熱平衡でフォトンと同様にあたりまえに存在しているこのような条件は，爆発する星の芯におけるという可能性を除くと，現在の宇宙ではどこにも存在していない．しかし，初期の宇宙におけるそのような極端な条件のもとでなにが起こったかについては，現在の統計力学の知識を信頼して理論的研究を展開することができるものとわれわれは充分確信している．

　正確を期すため，陽電子（e^+）のような反粒子は別の種類として数えるのだということを注意しなくてはならない．またフォトンや電子のような粒子は2つの別々のスピン状態に存在し，それも別の種類のものと数えなくてはいけない．最後に，電子のような粒子は（フォトンは違うが）"パウリの排他律"という特殊な法則に従っており，2つの粒子が同じ状態を占めることを禁じられている．この法則は，実質的に全エネルギー密度に対する電子の寄与を $\frac{7}{8}$ の因子だけ低めている．（原子のなかですべての電子が同じ最低エネルギーの殻に落ちないようにさまたげているのは排他原理であり，したがって元素の周期律表で明らかにされた原子の複雑な殻構造の原因になっている．）いろいろな型の

粒子に対する有効な種類の数は，しきい温度とともに274ページの表1に載せてある．与えられた温度における宇宙のエネルギー密度は，温度の4乗と，しきい温度が宇宙の温度よりも低いような粒子の種類の有効な数とに比例する．

そこで，宇宙がこのような高い温度であったのはいつかを調べることにしよう．宇宙膨張の割合を支配しているのは，宇宙の内容物の重力場と外向きの運動量の間の釣合いである．そして初期において宇宙の重力場の源となっていたのは，フォトンや電子，陽電子等々の全エネルギー密度である．これまでに見たように，宇宙のエネルギー密度は本質的には温度だけに依存したので，私たちは宇宙の温度を，カチカチ時を刻むかわりに宇宙の膨張につれて冷えてゆくような一種の時計として使うことができる．もっと詳しくいうと，宇宙のエネルギー密度がある値から別の値にまで減少するに要する時間は，エネルギー密度の平方根の逆数の差に比例することが証明できる（数学ノート3, 297ページを参照）．しかし上で見たように，エネルギー密度は温度の4乗と，実際の温度よりもしきい温度が低いような粒子の種類の数に比例している．したがって，温度がいずれかの粒子の"しきい"値より高くならない限り，宇宙がある温度から別の温度にまで冷えるのに要する時間は，それらの温度の逆2乗の差に比例する．たとえばわれわれがもし1億度（電子に対するしきい温度よりずっと低い）から出発し，温度が1000万度まで下がるのに0.06年（22日）かかったことがわかれば，温度がさらに100万度にま

温度(K)のグラフ

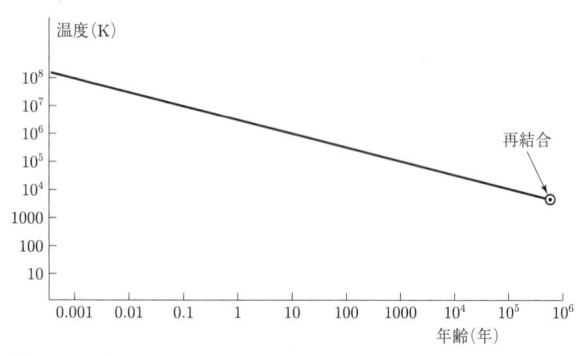

第8図 輻射優勢の時代 原子核合成が終わった直後から原子核と電子が原子に再結合するまでの期間に対し，宇宙の温度を時間の関数として示してある．

で下がるにはさらに6年かかり，温度が10万度に下がるにはまた600年かかるという具合である．宇宙が1億度から3000度（宇宙の内容物が輻射に対してほとんど透明になったところ）まで冷えるのに要した全部の時間は，70万年であった（第8図を参照）．もちろんここで"年"という場合には，たとえば水素原子で電子が核のまわりを回る周期の何倍というように，絶対的な時間単位の何倍かという意味である．われわれがいま問題にしているのは，地球が太陽のまわりを回りはじめるようになるよりずっと以前の時代である．

もし宇宙が最初の2,3分間，厳密に等しい数の粒子と反粒子で本当に構成されていたものならば，温度が10億度

以下に下がったときにそれらはすべて消滅してしまい，輻射以外にはなにも残らなかったであろう．この可能性に反対する証拠は確かにある——われわれ自身がここにいる！粒子と反粒子の消滅の後で，現在の宇宙の物質を供給するなにかが残されるためには，陽電子よりも電子，反陽子よりも陽子，そして反中性子よりも中性子が多少余計であったに違いない．この章において私は，このわずかに残された物質についてはこれまでわざとふれないできた．われわれが初期の宇宙のエネルギー密度あるいは膨張の割合だけを求めたいというならば，これは良い近似である．宇宙が約 4000 K にまで冷えるまでは，核子のエネルギー密度が輻射のエネルギー密度と同程度にならなかったことは，前の章で見たとおりである．しかし，取り残された電子と核子がわずかに混じっていたことは特別にわれわれの注意を引く．それらは現在の宇宙内容物の主要なものであるし，とくに私や読者の主な成分だからである．

初めの 2,3 分において物質が反物質より余分であった可能性を認めて，初期の宇宙が含んでいた成分の詳細なリストを決定する問題にとりかかる．ローレンス・バークレー研究所が 6 か月ごとに発行している表には，いわゆる素粒子が実に何百と載っている．私たちは，それらいろいろな型の粒子のそれぞれについて，量を指定せねばならないのだろうか？　また，なぜ素粒子で止めるのか——いろいろな種類の原子や分子，塩や胡椒の数も指定せねばならないのか？　こうなると，理解するに値するものとして宇宙は

あまりに複雑すぎ，また任意でありすぎるといわざるをえない．

　幸いなことに，宇宙はそんなには複雑でない．どうすればその内容物の処方が書けるかを見るには，熱平衡の条件が意味することについてもう少し考える必要がある．宇宙が熱平衡の状態を通過したことがどんなに重要なことであるかを，すでに私は強調した——与えられた任意の時点において宇宙の内容物を自信をもって話すことができたのはそのためである．この章でこれまで議論してきたのは，熱平衡にある物質と輻射についてわかっている性質をいろいろ応用したものであった．

　衝突やその他の過程で物理系が熱平衡の状態になると，値が変化しないようないくつかの量が存在する．このような"保存量"のひとつは全エネルギーである．衝突によってエネルギーはひとつの粒子から別の粒子に移るが，衝突にあずかっている粒子の全エネルギーを変えることは決してない．そんな保存法則のそれぞれには，熱平衡にある系の性質を調べることができる以前に指定せねばならない量がある——系が熱平衡に近づくにつれてある量が変わらないとすれば，その値を平衡の条件から導くことができないことは明白で，前もって指定しなくてはならない．熱平衡にある系について本当に驚くべきことは，保存される量の値をひとたびわれわれが指定すると，系のすべての性質が一意的に決定されるということである．宇宙は熱平衡の状態を通過したので，初期における宇宙内容物の完全な処方

を与えるのには，宇宙が膨張するにつれて保存されていた物理量がなにであったか，またそれらの量の値がどうであったかを知れば充分なのである．

ふつうは，熱平衡にある系に含まれる全エネルギーを指定するかわりに，われわれは温度を指定する．輻射および同数の粒子と反粒子からだけでできているような，われわれがこれまでにおよそ考えてきたような種類の系に対しては，温度さえ与えれば系の平衡の性質を求めることができる．しかし一般的には，エネルギーのほかに保存される量があり，それらそれぞれの量の密度を指定することが必要である．

たとえば室温にあるグラス1杯の水の中では，水の分子が水素イオン（電子が剝ぎとられた水素原子核で裸の陽子である）と水酸基イオン（酸素原子が水素原子に結合したもので1個の余分な電子をもつ）に壊される反応や，水素イオンと水酸基イオンとがふたたび結びついて水分子をつくる反応が起こりつづけている．そのような各反応においては，水分子が消滅すると水素イオンが現われ，あるいはその逆になっているが，一方水素イオンと水酸基イオンはつねに一緒に現われるか消滅する．こうして保存される量は，水分子の数プラス水素イオンの数と，水素イオンの数マイナス水酸基イオンの数である．（もちろん，水分子の数プラス水酸基イオンの数のようにほかにも保存量はあるが，これは上に記した2つの基本的保存量の簡単な組合せにすぎない．）私たちのグラス1杯の水の性質は，温度が300 K（室

温) であるということをもし指定すれば，水分子プラス水素イオンの密度は1立方センチにつき 3.3×10^{22} 個の分子あるいはイオンであること（海水面の圧力における水にほぼ対応する），また水素イオンマイナス水酸基イオンの密度はゼロであること（全体の電荷がゼロということに対応する）などが完全に決まる．たとえばこのような条件のもとでは，およそ1000万個の水分子について1個の水素イオンが存在する．私たちはグラス1杯の水の処方にこのことを指定する必要がないということに注意してほしい．私たちは水素イオンの割合を，熱平衡の法則から決めたのである．これに対して，保存量である密度を熱平衡の条件から推論することはできない——たとえば私たちは圧力を変えることによって，水分子プラス水素イオンの密度を1立方センチあたり 3.3×10^{22} 分子より少し大きく，あるいは少し小さくすることができる．したがって私たちのグラスの中身を知るためには，圧力を指定せねばならない．

上の例はまた，われわれが"保存"量と呼んでいるものの移動する意味を理解する助けになる．たとえば私たちの水が，星の内部におけるように数百万度であれば分子やイオンは容易に解離し，構成原子は容易に電子を失ってしまう．その場合保存量は，電子の数と酸素原子核および水素原子核の数である．このような条件下での水分子プラス水酸基イオンの密度は，前もって指定するというより統計力学の法則から計算せねばならないが，きわめて小さいことになる．（地獄に雪つぶてはほとんどない．）実際このよう

な条件のもとでは原子核反応が起こるので，各元素の原子核の数でさえ絶対的に固定しているものでなく，それらの数は非常にゆっくりと変化し，星はひとつの平衡状態から次の平衡状態へとしだいに進化していると考えることができる．

結局，われわれが初期の宇宙で当面するような数十億度という温度では，原子核さえその構成要素である陽子と中性子に容易に分かれる．反応は非常に急速に起こるので，純粋なエネルギーから物質と反物質が容易に生成され，それらはまた逆に消滅する．このような条件のもとでは，保存量はなにか特定の種類の粒子数ではない．むしろ，（それぞれの問題に関連した）保存法則は，あらゆる可能な条件のもとで顧慮される（私たちに知られている限り）ごく少数のものに還元される．初期の宇宙に対する私たちの処方で密度を指定しておかねばならない保存量は，3つあると考えられている．

1 電 荷 われわれは反対の電荷をもった粒子の対を生成したり破壊したりできるが，正味の電荷は決して変わらない．（もし電荷が保存しなければ現在受け入れられているマクスウェルの電気と磁気の理論は無意味になるから，他の保存法則のどれよりもこの保存法則についてはわれわれは確信をもっている．）

2 バリオン数 "バリオン"というのは，核子すなわち陽子と中性子と，ハイペロンと呼ばれ

る多少重い不安定な粒子を含んでいる．バリオンと反バリオンは対として生成されたり壊されたりできるし，中性子が陽子に変わったりあるいはその逆が起こったりする放射性原子核の"ベータ崩壊"におけるように，バリオンは他のバリオンに崩壊することができる．しかし，バリオンの数から反バリオン（反陽子，反中性子，反ハイペロン）の数を引いた全体の数は決して変わらない．そこで，陽子，中性子，そしてハイペロンには $+1$ の"バリオン数"，対応する反粒子には -1 の"バリオン数"があるとすれば，この法則は全バリオン数は決して変わらないということになる．バリオン数は電荷のように力学的な意味をなにかもっているようには見えない．私たちに知られている限り，バリオン数によって形成される電場や磁場に類するものはない．バリオン数は簿記の仕掛けである——その重要性はそれが保存されるという事実にだけある．

3 レプトン数

"レプトン"というのは軽い負に荷電した粒子で，電子とミュー粒子（ミューオン），それとニュートリノと呼ばれる質量ゼロの電気的に中性の粒子，およびそれらの反粒子である陽電子，反ミュー粒子，および反ニュートリノである．ニュートリノと反ニュートリノは質量と電荷がゼロであるにもかかわらず，フォトンと同様に架空のものではない．他の粒子と同様にエネルギーと運動量を運ぶ．レプトン数の保存はもう1つの簿記の法則である——レプトンの全数から反レプトンの全数を引いたものは決して変わらない．（1962年にニュート

リノのビームを用いた実験によって, "電子型"と"ミュー粒子型"という少なくとも2つの型のニュートリノと, 2つの型のレプトン数が実際にはあることが明らかにされた. 電子レプトン数は, 電子と電子型ニュートリノの全数の和からそれらの反粒子の全数を引いたものであり, 一方ミュー粒子レプトン数は, ミュー粒子とミュー粒子型ニュートリノの全数からそれらの反粒子の全数を引いたものである. そのどちらもが絶対的に保存されるように見えるが, そのことは非常に確実に知られているわけではない.)

これらの法則が成り立っている例の良いものとして, 中性子 n が陽子 p, 電子 e^-, そして (電子型) 反ニュートリノ $\bar{\nu}_e$ へ放射性崩壊するのを見てみよう. 各粒子の電荷, バリオン数, およびレプトン数は表に示してあるとおりである.

	n	$\rightarrow$	p	$+$	e^-	$+$	$\bar{\nu}_e$
電 荷	0		+1		−1		0
バリオン数	+1		+1		0		0
レプトン数	0		0		+1		−1

終りの状態での粒子に対する保存される量の値の和が, 初めの中性子における同じ量の値に等しいことは容易に試すことができる. それが, これらの量が保存されるという

ことの意味である．中性子が陽子，電子，および1個より多くの反ニュートリノに崩壊するといった禁制崩壊過程のような，非常に多くの反応が起こらないことを教えてくれるので，保存法則は非常に有用である．

与えられた時刻における宇宙の内容物の処方を完全なものにするには，そのときの温度と同時に，単位体積あたりの電荷，バリオン数，およびレプトン数を指定しなくてはならないことになる．保存則によれば，宇宙とともに膨張する任意の体積において，これらの量の値は変わらない．したがって，単位体積あたりの電荷，バリオン数，およびレプトン数は単に宇宙の大きさの3乗に逆比例して変わる．しかし単位体積あたりのフォトンの数も，宇宙の大きさの3乗に逆比例して変化する．（単位体積あたりのフォトンの数は温度の3乗に比例することを第III章で見たが，この章の初めで注意したように温度は宇宙の大きさに逆比例して変わる．）したがって，フォトンあたりの電荷，バリオン数，そしてレプトン数は変わらない．そして私たちの処方で保存される量の値は，フォトン数との比を指定することで1度だけ与えることができる．

（厳密にいうと宇宙の大きさの3乗に逆比例して変わる量は，単位体積あたりのフォトンの数ではなくて，単位体積あたりのエントロピーである．エントロピーは，物理系の乱雑さの度合いに関係した統計力学の基本的な量である．通常の数値的因子を別にすると，物質粒子と同様にフォトンも含め，異なる種類の粒子には274ページの表1に示し

た重みをつけて熱平衡にあるすべての粒子全部の数によって，エントロピーは充分に高い近似で与えられる．われわれの宇宙を特徴づけるために本当に用いるべき定数は，電荷とエントロピー，バリオン数とエントロピー，そしてレプトン数とエントロピーの比である．しかし非常に高い温度においてさえ，物質粒子の数はせいぜいフォトンの数と同程度であるから，比較の標準としてエントロピーのかわりにフォトンの数をかりに用いたとしても，重大な誤りをおかすことにはならない．)

フォトンあたりの宇宙の電荷は，容易に推定できる．私たちの知る限り，電荷の平均密度は宇宙のどこでもゼロである．もし地球と太陽が，1兆の1兆倍の1兆倍（10^{36}）中の1だけの割合で負の電荷より正の電荷（あるいはその逆）が余分になっていたとすると，地球と太陽間の電気的斥力はその間の重力的引力よりも大きくなる．もし宇宙が有限で閉じているものならば，私たちはこの事情をひとつの定理にまでもってゆくことができる——宇宙の正味の電荷がゼロでないと，電気力線は宇宙をぐるぐると巻いて無限の電場をつくることになるから，宇宙の正味の電荷はゼロでなくてはならない．しかし宇宙が開いていても閉じていても，フォトンあたりの宇宙の電荷は無視できるといってさしつかえない．

フォトンあたりのバリオン数も容易に推定できる．安定なバリオンは核子すなわち陽子と中性子と，その反粒子である反陽子と反中性子だけである．（自由な中性子は実際に

は平均寿命が 15.3 分で不安定であるが,ふつうの物質の原子核内では核力のために中性子はまったく安定である.)またわれわれの知る限り,宇宙にはかなりの量の反物質は存在していない.(これについては後でもう少し述べる.)したがって現在の宇宙においては,いかなる場所のバリオン数も本質的には核子の数に等しい.前の章で調べたように,現在ではマイクロ波輻射背景中の 10 億個の(厳密な数字は確かでない)フォトンに対して 1 個の核子があるから,フォトンあたりのバリオン数は約 10 億分の 1 (10^{-9}) である.

これは実に驚くべき結論である.これがどういうことを意味しているかを見るために,温度が中性子と陽子のしきい温度である 10 兆度 (10^{13} K) 以上であったような過去の時点を考えよう.そのときには宇宙は,フォトンとほぼ同数くらいにおびただしい数の核子と反核子を含んでいた.しかしバリオン数は,核子と反核子の数の差である.この差がもしフォトンの数より 10 億倍も小さく,したがってまた核子の全体の数より 10 億倍も小さいとすれば,核子の数は反核子の数より,10 億中の 1 程度の割合でしか余分でなかったはずである.このように見ると,宇宙が核子のしきい温度以下に冷えたときには,反粒子はすべて対応する粒子と消滅してしまい,反粒子に対する粒子のごくわずかな余分だけが残余として残り,それが結局私たちの知っている世界となった.

宇宙論において 10 億分の 1 というような小さい純粋な数が現われるということから,理論家のなかにはこの数は

本当はゼロである——つまり宇宙は本当には物質と反物質を等しい量だけ含んでいる——という考えをもつにいたった人もいる．そうなると，フォトンあたりのバリオン数が10億分の1であるように見えるという事実を説明するには，宇宙の温度が核子のしきい温度より下がる以前のある時期に，ある領域では反物質より物質がわずかに余分になり（10億中の数部分），また別の領域では物質より反物質が少し余分になっているというような具合に，異なるいくつかの領域へと宇宙の分離が起こったと考えることになる．温度が下がり，できるだけ多くの粒子-反粒子対が消滅した後で，純粋に物質だけの領域および純粋に反物質だけの領域で構成された宇宙が残されたのである．この考えの難点は，宇宙のなかのどこかで，かなりの量の反物質が存在する徴候を見た人がいないという点である．われわれの地球上層大気に飛びこんでくる宇宙線は，一部はわれわれの銀河系内の遠いところからやってくるし，おそらく一部はわれわれの銀河系外からもやってくるものと考えられている．宇宙線は反物質より物質が圧倒的であり，実際，宇宙線中で反陽子あるいは反原子核を観測した人はまだいない．さらに，宇宙的スケールで物質と反物質の消滅によってつくられたフォトンも観測されていない．

　別の可能性は，フォトンの密度（もっと正確にはエントロピーの密度）が宇宙の大きさの3乗に逆比例しつづけてはこなかったことである．もし，熱平衡からある種のずれがあったり，ある種の摩擦あるいは粘性のために宇宙が熱せら

れて余分なフォトンを形成したようなことがあれば，そんなことが起こったかもしれない．この場合には，フォトンあたりのバリオン数はおそらく1程度のもっともらしい値で出発し，余分なフォトンが形成されるにつれて現在の低い値にまで落ちたのである．これら余分なフォトンを形成する詳細な機構を，誰も示唆することができないというのが難点である．数年前に私もその機構を見つけようと試みたが，まったく成功の兆しもなかった．

これから先では，私はこれらすべての"標準的でない"可能性を無視し，フォトンあたりのバリオン数は10億中の約1であるという，現在それらしく見える値を単に仮定することにする．

宇宙のレプトン数の密度についてはどうだろうか？ 宇宙が電荷をもっていないという事実から直ちに，正に荷電した各陽子に対して，負に荷電した電子が現在は正確に1個存在することが導かれる．現在の宇宙においては核子の約87パーセントが陽子であるから，電子の数は核子の総数に近い．現在の宇宙においてもし電子だけがレプトンだとすれば，フォトンあたりのレプトン数はフォトンあたりのバリオン数と，大ざっぱに同じであると直ちに結論できるだろう．

しかし電子と陽電子のほかにも，ゼロでないレプトン数をもつ安定した粒子がもう1種類ある．ニュートリノとその反粒子である反ニュートリノは，フォトンと同様に電気的に中性で質量のない粒子であるが，それぞれレプトン数

が +1 と −1 である．こうして現在の宇宙のレプトン数密度を決めるためには，ニュートリノと反ニュートリノの数についての情報を知らなくてはならない．

　不幸なことに，この情報はきわめて手に入れるのが難しい．陽子と中性子とを原子核内に引きとめておく強い核力を感じないということでは，ニュートリノは電子と似ている．（私は"ニュートリノ"ということでニュートリノあるいは反ニュートリノの両方の意味に使う場合がある．）しかし電子と違ってニュートリノは電気的に中性であるから，電子を原子内部に引きとめておくような電気的あるいは磁気的力をも感じない．実際ニュートリノは，いかなる種類の力にもほとんどまったく感応しない．宇宙のなかの他のすべてのものと同様に重力には感応するし，前にふれた（137ページを参照）中性子の崩壊のような放射性過程に責任のある弱い力をも感ずるが，これらの力はふつうの物質とはごくわずかな作用しか起こさない．ニュートリノの作用がどんなに弱いものかを示すのによく使われる例は，放射性の過程で形成されたニュートリノを止めたり散乱させたりするのをかなりのチャンスで見ようとするには，その行路に数光年の厚さの鉛を置かなくてはならないということである．太陽は，その中心部で起こっている原子核反応で陽子が中性子に変わる際に形成されるニュートリノを放ちつづけている——これらのニュートリノは昼間は私たちの頭上から輝いており，太陽が地球の裏側にある夜には，地球はニュートリノにまったく透明であるから足の下から輝き上

げている．ニュートリノは実際に観測されるよりずっと以前に，中性子の崩壊のような過程におけるエネルギーのバランスを説明する方法として，W.パウリによって仮定された．原子炉あるいは粒子加速器のなかで莫大な量を発生させ，やっと検出装置のなかで数百個を実際に止めることができたことでニュートリノあるいは反ニュートリノを直接検出することが可能になったのは，やっと1950年代の末になってからである．

相互作用がこのように異常に弱いことがわかると，その存在が私たちにまったく気づかれることなくおびただしい数のニュートリノと反ニュートリノがわれわれのまわりの宇宙を充たしているかもしれないことは，容易に理解することができる．われわれは，ニュートリノおよび反ニュートリノの数について粗末なある上限を決めることは可能である——もしこれらの粒子の数が多すぎたとすると，弱い原子核崩壊過程のなかにはわずかに影響を受けるものがあり，さらに宇宙の膨張は観測されているよりもっと急速に減速されることになるだろう．しかしこのような考察から決めた上限は，ニュートリノおよび／あるいは反ニュートリノが，フォトンとほとんど同じくらい多数にあり，同じ程度のエネルギーをもって存在する可能性を締め出してしまうことにはならないのである．

このようなことに注意しなくてはならないにもかかわらず，宇宙論研究者はふつう，フォトンあたりのレプトン数（電子，ミュー粒子，およびニュートリノの数からそれらの対応

する反粒子の数を引いたもの）は小さくて，1よりずっと小さいと仮定する．これはまったく類推を基礎にしているだけである——フォトンあたりのバリオン数は小さいのであるから，なぜフォトンあたりのレプトン数も小さくないということがあろうか？　このことが，"標準モデル"に入ってくる仮定のなかでもっとも確かでないことのひとつであるが，幸いなことに，かりにこれが間違っていてもわれわれが導く一般的描像は細部で変更されるだけである．

　もちろん，電子に対するしきい温度より高い温度では，おびただしいレプトンと反レプトンが存在した——フォトンとほぼ同数の電子と陽電子があった．またこのような条件のもとでは宇宙は非常に熱くて密であったため，幽霊のようなニュートリノさえも熱平衡に達しており，したがってニュートリノと反ニュートリノもフォトンとほとんど同じくらい多数存在していた．標準モデルでなされた仮定は，レプトン数すなわちレプトンと反レプトンの数の差が，フォトンの数よりずっと小さいし，小さかったということである．前に指摘した反バリオンに対してバリオンが少し余分であるのに似て，反レプトンに対してレプトンにわずかな余分があったかもしれないし，それが現在まで生き残っているかもしれない．さらに，ニュートリノと反ニュートリノの作用はあまりにも弱いため，その多数のものは消滅をまぬかれたかもしれない．その場合には，ほとんど同数のニュートリノと反ニュートリノが現在，フォトンと同程度の数でもって存在するだろう．これが実際の場合だと考

えられていることが次の章で明らかにされるが，われわれのまわりにあるおびただしい数のニュートリノと反ニュートリノを観測できるわずかなチャンスさえ，近い将来にあるようには思われない．

　簡単にまとめると，初期の宇宙の内容物についてのわれわれの処方は次のようになる．フォトンあたりの電荷をゼロに等しく，フォトンあたりのバリオン数を10億分の1に等しく，フォトンあたりのレプトン数を不確かであるが小さくとる．与えられた任意の時刻における温度を，現在の輻射背景の3Kという温度よりも，宇宙の現在の大きさとその時刻における大きさの比だけ大きくとる．種々の型の粒子の詳細な分布が，熱平衡の要求によって定められるようによくかき混ぜる．この媒質でつくられる重力場によって支配される膨張の割合をもって，膨張宇宙のなかに置く．充分長く待てば，このスープはわれわれの現在の宇宙になるはずである．

V
最初の3分間

　宇宙進化の最初の3分間にどんなことが起こったかをたどる準備が，いまや私たちにはととのった．最初のうちはものごとはより急速に進行するので，ふつうの映画のように等しい時間間隔で情景を示していくのは得策ではない．むしろ私は，宇宙の温度が下がるのに合わせてフィルムのスピードを調節することにし，温度が約3分の1に下がるごとにカメラを止めて写真を撮ることにする．

　不幸にして私は，時刻がゼロで温度が無限大である瞬間からフィルムをスタートさせることはできない．1兆5000億度（1.5×10^{12} K）というしきい温度より高い温度では，宇宙はパイ中間子という粒子を多量に含んでいたと思われる．これは，核子の約7分の1の質量をもつ素粒子である（274ページの表1を参照せよ）．電子，陽電子，ミュー粒子，およびニュートリノと違い，パイ中間子は相互に，また核子と非常に強く作用しあう——事実核子の間でパイ中間子を交換しあうことが，原子核をしっかり団結させる引力の主な原因となっている．このように強く作用しあう粒子が

多量に存在していることのために，超高温度における物質のふるまいを計算することは異常に難しい．それで，このような困難な数学的問題を避けるために私は，宇宙の始まりから約100分の1秒たったところからこの章を始める．温度はもう1000億度にまで冷えており，これはパイ中間子，ミュー粒子，そしてすべてのもっと重い粒子に対するしきい温度より低い．第Ⅶ章において，もっと初めに近いときにどんなことが進行していたかについて，理論物理学者が考えていることについて少しだけふれよう．

　これらのことを念頭において，私たちのフィルムをスタートさせよう．

第1フレーム

　宇宙の温度は1000億度（10^{11} K）である．宇宙は二度とふたたび実現しないほど単純で，記述するのに容易である．宇宙は物質と輻射の分化していないスープで充たされており，物質と輻射の各粒子は他の粒子と非常に急速に衝突している．そのため，宇宙は急速に膨張しているにもかかわらず，ほとんど完全な熱平衡の状態にある．したがって宇宙の内容物は統計力学の法則で指図され，第1フレームより以前に起こったことにはまったく依存しない．私たちが知っていなくてはならないことは，温度が1000億Kであること，そして保存される量——電荷，バリオン数，レプトン数——がすべて非常に小さいか，あるいはゼロだということである．

多量に存在する粒子は,しきい温度が1000億Kより小さい粒子であり,それは電子とその反粒子である陽電子,そして質量のない粒子であるフォトン,ニュートリノ,および反ニュートリノである(274ページの表1をふたたび参照せよ).宇宙は非常に密度が大きいので,鉛の煉瓦の中でも散乱されることなく何年にもわたって通過することができるニュートリノでさえも,電子,陽電子,およびフォトンなどと,またお互い同士で急速に衝突することによって,それらの粒子と熱平衡にあった.(ここでもニュートリノと反ニュートリノを意味するときに,私は単に"ニュートリノ"としばしばいう.)

もう1つの大きな単純さは,1000億Kという温度が,電子と陽電子のしきい温度よりずっと上だということである.そのためフォトンやニュートリノとともにこれらの粒子は,まるで多くの違った種類の輻射があるようにふるまっている.これらいろいろな種類の輻射のエネルギー密度はどれだけになるか? 274ページの表1によると,電子と陽電子とでフォトンの $\frac{7}{4}$ 倍のエネルギーだけ寄与し,ニュートリノと反ニュートリノは電子と陽電子と同じだけ寄与するので,全エネルギー密度はこの温度における純粋な電磁輻射に対するエネルギー密度より

$$\frac{7}{4}+\frac{7}{4}+1=\frac{9}{2}$$

倍だけ大きい.ステファン-ボルツマンの法則(第Ⅲ章を参照)によると,1000億Kの温度における電磁輻射のエネ

ルギー密度は1リットルにつき 4.72×10^{44} 電子ボルトであるから,この温度における宇宙の全エネルギー密度はその $\frac{9}{2}$ 倍であり,1リットルにつき 21×10^{44} 電子ボルトである.これは1リットルにつき38億キログラムの質量密度と同等であり,地球上で通常の条件における水の密度の38億倍である.(与えられたエネルギーが与えられた質量と同等だという場合には,もちろんアインシュタインの公式 $E = mc^2$ によってこの質量が完全にエネルギーに転換されたときのエネルギーを意味している.)もしエベレスト山がこんな密度の物質でできているとしたら,その重力によって地球は破壊されてしまう.

第1フレームの宇宙は急速に膨張し,冷却している.その膨張の割合は,宇宙のどんな小部分も,ちょうど脱出速度で任意の中心から逃げているという条件によって決められる.第1フレームの非常に大きな密度においては,それに対応して脱出速度は大きい——宇宙膨張の特性時間は約0.02秒である.(数学ノート3, 297ページを参照せよ."特性膨張時間"は宇宙の大きさが1パーセント増大する時間の長さの100倍である,と大ざっぱに定義することができる.もっと正確にいうと,任意の時点における特性膨張時間は,その時点におけるハッブル"定数"の逆数である.第II章で注意したように,重力はつねに膨張を遅くしつづけるから,宇宙の年齢はつねに特性膨張時間よりも小さい.)

第1フレームの時点においても,10億個のフォトン,あるいは電子,あるいはニュートリノについて約1個の陽子

あるいは中性子という割合で、ごく少数の核子が存在する。初期の宇宙においてどんな化学元素がどのくらい形成されたかを最終的に予測するには、われわれは陽子と中性子の相対的比率も知らなくてはならない。中性子は陽子よりも重く、それらの質量差は 1.293×100 万電子ボルトのエネルギーと同等である。しかし1000億Kの温度における電子、陽電子などの特性エネルギーは、およそ 100×100 万電子ボルトとずっと大きい(ボルツマン定数に温度を掛ける)。したがって中性子や陽子が、はるかに多数存在している電子、陽電子、等々と衝突すると、陽子から中性子への遷移、およびその逆の遷移が急速に起こる。もっとも重要な反応は次のものである。

反ニュートリノ＋陽子 $\rightleftarrows$ 陽電子＋中性子

ニュートリノ＋中性子 $\rightleftarrows$ 電子＋陽子

フォトンに対する差引きのレプトン数および電荷が非常に小さいと私たちは仮定しているので、ニュートリノと反ニュートリノとはほとんど厳密に同数だけあり、電子とほとんど厳密に同数の陽電子がある。したがって陽子から中性子への遷移は、中性子から陽子への遷移とまさに同じくらいに速い。(中性子の放射性崩壊は約15分かかるので、ここでは無視することができる——私たちは現在100分の1秒の時間スケールで考えているのである。)こうして平衡ということによって、第1フレームにおいては陽子と中性子の数はほとんど等しいということになる。これらの核子は

まだ原子核に束縛されてはいない．典型的な原子核をバラバラに壊すのに必要なエネルギーは核子あたり 6〜8×100 万電子ボルトにすぎないし，これは 1000 億 K における特性熱エネルギーより小さいから，複雑な原子核は，形成されるのと同じくらい速く壊される．

このようなごく初期において，宇宙がどのくらいの大きさであったかは当然知りたい．不幸なことにこれはわかっていないし，この疑問が意味をもっているかどうかさえ私たちには確かではない．第Ⅱ章で示唆したように，宇宙は現在無限であるようにも思えるが，その場合には第1フレームの時点においても宇宙は無限であったのだし，ずっと無限なのである．これに対して，宇宙が現在有限の周囲をもっていることもありうるし，およそそれを 1250 億光年と推定する場合もある．（1 点から出発して真直ぐに進み，ふたたび出発した点にまで戻ってくるまで進まねばならない距離が周囲である．この推定は，宇宙の密度が"臨界"値の約 2 倍であると仮定し，ハッブル定数の現在の値にもとづいたものである．）宇宙の温度はその大きさに逆比例して下がるので，第1フレームの時点における宇宙の周囲は現在におけるよりも，当時の温度（10^{11} K）と現在の温度（3 K）の比だけ小さかったのであり，第1フレームの周囲はおよそ 4 光年となる．最初の 2,3 分における宇宙進化の物語のどんな詳細な点でも，宇宙の周囲が無限であるか，わずか数光年しかないかということにはまったく関係しない．

第2フレーム

宇宙の温度は絶対温度で300億度（3×10^{10} K）である．第1フレームから0.11秒が経過した．定性的にはなにも変わっていない——宇宙の主な内容物はなお，いずれも熱平衡にある電子，陽電子，ニュートリノ，反ニュートリノ，およびフォトンであり，温度はいずれのしきい温度より高い．エネルギー密度は単に温度の4乗に比例して下がり，ふつうの水の静止質量に含まれているエネルギー密度の3000万倍にまで下がった．膨張の割合は温度の平方のように減少するので，宇宙の特性膨張時間はいまや約0.2秒にまで延びた．少数存在している核子はなお原子核に束縛されてはいないが，温度が下がるにつれて，重い方の中性子が軽い方の陽子になる方がその逆よりもずっと容易である．そのため核子の釣合いは，38パーセントが中性子で62パーセントが陽子にずれた．

第3フレーム

宇宙の温度は100億度（10^{10} K）である．第1フレームからは，1.09秒が経過した．この頃までに密度と温度が減少したために，ニュートリノと反ニュートリノの平均自由時間が非常に長くなり，そのためニュートリノと反ニュートリノは自由な粒子のようにふるまいはじめるようになり，電子，陽電子，およびフォトンとはもはや熱平衡にはなくなってしまった．これから以後ニュートリノと反ニュートリノは，そのエネルギーが宇宙重力場の源の一部を供給し

つづける以外には，私たちの話のなかではなんの活動的な役割を果たすこともなくなってしまう．ニュートリノが熱平衡からはずれても，あまり変わったことは起こらない．(この"脱結合"以前には，典型的なニュートリノの波長は温度に逆比例し，温度は宇宙の大きさに逆比例して下がっていったから，ニュートリノの波長は宇宙の大きさに直接比例して増大していた．ニュートリノの脱結合以後は，ニュートリノは自由に膨張を続けたが，一般的な赤方偏移はなおその波長を宇宙の大きさに直接比例して引き延ばしてゆく．ついでであるが，このことによって，ニュートリノの結合がいつはずれたかの正確な時点を決めることはそれほど重要ではないことがわかる．そのことは，現在完全には決着がついていない，ニュートリノ相互作用の理論の詳細にかかわっている．)

　全エネルギー密度は，第1フレームにおけるものより温度の比の4乗だけ小さくなっていて，いまや水の38万倍の質量密度と同等である．宇宙膨張の特性時間はそれに対応して約2秒に延びた．温度もすでに電子と陽電子のしきい温度のわずか2倍であり，したがって，輻射のなかで再生成されるよりももっと急速に消滅しはじめるようになった．

　どんな短い時間でも，中性子と陽子が原子核に束縛されているにはなお温度が高すぎる．しかし温度が下がったことによって，陽子‐中性子の釣合いはいまや中性子が24パーセント，陽子が76パーセントにまでずれた．

第4フレーム

宇宙の温度は現在 30 億度（3×10^9 K）である．第1フレームから 13.82 秒が経過している．いまや電子と陽電子のしきい温度より低くなったため，宇宙の主要な成分としては急速に姿を消しはじめている．電子 – 陽電子消滅によって解放されるエネルギーは宇宙が冷える割合を遅らせたが，この余分な熱をまったく受けることがないニュートリノは，いまや電子，陽電子，およびフォトンより 8 パーセントだけ冷たい．これから後では，宇宙の温度という場合にはフォトンの温度を意味することにする．電子と陽電子が急速に姿を消してゆく結果，現在の宇宙のエネルギー密度は，単に温度の 4 乗に比例して減少するとした場合よりも多少小さい．

ヘリウム（He^4）のような種々の安定した原子核が形成されるほど温度はいまや充分に低いが，核の形成は瞬時に起こるわけではない．宇宙はなお急速に膨張を続けているので，原子核は一連の速い 2 粒子反応によって形成されるだけだからである．たとえば陽子と中性子は，余分なエネルギーと運動量をフォトンに運び去らせて，重い水素の原子核すなわち重水素核を形成することができる．重水素核は次いで陽子か中性子と衝突して，2 個の陽子と 1 個の中性子からなるヘリウムの軽い同位核ヘリウム 3（He^3）か，あるいは 1 個の陽子と 2 個の中性子でできた水素のもっとも重い同位核である 3 重水素（H^3）を形成することができる．最後に，ヘリウム 3 は中性子と衝突し，そして 3 重水

素は陽子と衝突して、どちらの場合にも2個の陽子と2個の中性子からなるふつうのヘリウム原子核（He⁴）が形成される．しかしこの一連の反応が起こるためには、最初の段階つまり重水素の形成が始まらなくてはならない．

さて、ふつうのヘリウムはしっかり束縛された原子核であるので、第3フレームの温度においてもしっかり結びついていられる．しかし3重水素とヘリウム3はずっと結合が弱いし、重水素はとくに結合が弱い．（重水素核を引き離すには、ヘリウム原子核から1個の核子を引き出すのにくらべて9分の1のエネルギーしかいらない．）30億度という第4フレームの温度では、重水素核は形成されるやいなや壊されてしまうので、もっと重い原子核が形成される機会はない．以前とくらべるとはるかにゆっくりではあるが、中性子はなお陽子に転換されている．釣合いは中性子が17パーセントで、陽子が83パーセントである．

第5フレーム

宇宙の温度はいま絶対温度で10億度（10^9 K）であり、太陽の中心より約70倍熱いだけである．第1フレームから、3分と2秒が経過した．電子と陽電子はほとんど姿を消し、宇宙の主な成分は現在、フォトン、ニュートリノ、および反ニュートリノである．電子-陽電子消滅で解放されたエネルギーによって、フォトンの温度はニュートリノの温度よりも35パーセント高い．

宇宙はいまや、ふつうのヘリウム核と同様に3重水素と

ヘリウム3を結びつけておけるくらい充分に冷えたが，"重水素の隘路"はなお作用しており，より重い原子核が充分な数だけ形成されるほど長くは，重水素の原子核は結びついていない．中性子および陽子が電子，ニュートリノやそれらの反粒子と衝突することはもうほとんどなくなった．しかし，自由な中性子の崩壊は重要になりはじめ，100秒ごとに，残っている中性子の10パーセントが陽子に崩壊する．中性子-陽子の釣合いはいまや，14パーセントの中性子と86パーセントの陽子となった．

その少し後

第5フレームの直後のある時点に劇的なことが起こる——重水素核がしっかり結びついていられるところまで温度が下がるのである．ひとたび重水素の隘路を通過すると，第4フレームで述べた一連の2粒子反応によって，より重い核が非常に急速につくりあげられてゆく．しかしヘリウムより重い原子核は，別の隘路のためにそれほどの数は形成されない——5個あるいは8個の核子をもつ安定した原子核は存在しないのである．こうして，重水素核がつくられる点に温度が達するやいなや，残っている中性子のほとんどすべてのものは直ちにヘリウム核のなかに料理されてしまう．核子の密度が大きいと原子核が形成されるのが多少容易であるので，このことが起こる正確な温度はフォトンあたりの核子の数に多少依存する．（そのため私はこの時点を，第5フレームから"少し後"と不正確に表わさねば

ならなかった.)核子あたり10億個のフォトンがある場合には,9億度（9×10^8 K）で原子核合成が始まる.この時点で,第1フレームから3分46秒が経過した.（この本の標題を"はじめの3分間"とした不正確さを許されよ.最初の3分と $\frac{3}{4}$ よりも聞こえがよい.）中性子の崩壊によって中性子-陽子の釣合いは,原子核合成が始まる直前には中性子が13パーセントで陽子が87パーセントとなった.原子核合成の後では,ヘリウムの重さでの割合はヘリウムに束縛されたすべての核子の割合にちょうど等しい.それら核子の半分は中性子であり,実質的にすべての中性子はヘリウムに束縛されているから,ヘリウムの重さでの割合は核子中の中性子の割合の単に2倍であり,約26パーセントである.もし核子の密度が少し大きいと,原子核合成は少し早く始まり,そのときはいまほど多くの中性子が崩壊してしまっていないので,ヘリウムは若干余計に形成されるが,たぶん重さで28パーセントを超えはしないと考えられる（第9図を参照せよ）.

私たちは初めに予定していた時間に到達し,それを超してしまったが,成し遂げられたことをよりよく理解するために,温度がもう一度下がったところで宇宙を最後に眺めておきたい.

第6フレーム

宇宙の温度は現在3億度（3×10^8 K）であり,第1フレームから34分と40秒が経過した.陽子の電荷と釣り合うの

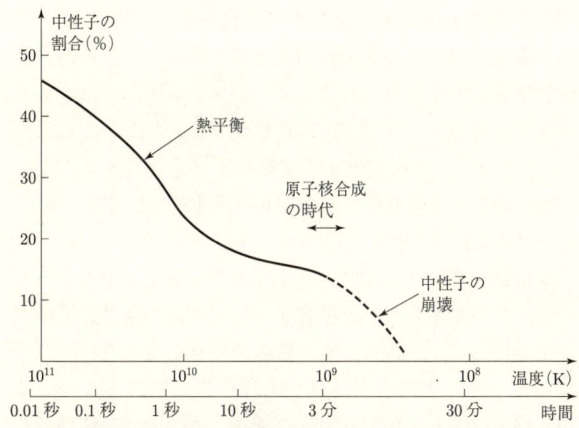

第9図 移動する中性子-陽子のバランス 核子全部に対する中性子の割合を，温度および時間の関数として示してある．"熱平衡"と記した曲線の部分は，密度と温度が非常に高いためすべての粒子の間で熱平衡が保たれている期間である；ここでの中性子の割合は，統計力学の法則を用いて中性子-陽子の質量差から計算することができる．"中性子の崩壊"と記した曲線の部分は，自由な中性子の放射性崩壊を除いてすべての中性子-陽子転換過程が止んでしまった期間である．これらにはさまれた曲線の部分は，弱い相互作用による遷移の割合の詳細な計算に依存する．曲線の破線部分は，なにかの理由で原子核の形成がさまたげられた場合に起こるだろうことを示してある．実際には，"原子核合成の時代"と記した矢で示された時期のどこかの時点で，中性子は急速にヘリウム原子核に組み入れられてしまい，中性子-陽子の比率はその時点での値に凍結されてしまう．この曲線は，宇宙論的に形成されたヘリウム量（重さ）を推定するのに用いることもできる：原子核合成の温度あるいは時間を与えると，ヘリウム量はその時点における中性子の割合のちょうど2倍である．

に必要な電子のわずかな余り（10億分の1）を除いて，電子と陽電子はいまや完全に消滅してしまった．この消滅で解放されたエネルギーによって，フォトンの温度はニュートリノの温度より恒久的に 40.1 パーセント高いことになった（数学ノート6，305ページを参照）．宇宙のエネルギー密度はいまや水の 9.9 パーセントの質量密度と同等であり，このうち 31 パーセントはニュートリノと反ニュートリノの形をとっており，69 パーセントはフォトンの形をとっている．このエネルギー密度によって，宇宙の特性膨張時間は 1 時間と $\frac{1}{4}$ である．原子核の過程は止まった——核子はいまやその大部分がヘリウム原子核に束縛されているか，自由な陽子（水素原子核）であり，ヘリウムは重さで約 22〜28 パーセントである．自由な陽子，あるいは束縛された陽子のそれぞれに対して 1 個の電子があるが，安定した原子ができるには宇宙はなおあまりにも熱すぎる．

宇宙は膨張を続け，冷えつづけたが，70 万年の間はとくに興味深いことは起こらない．その時点で，電子と原子核が安定した原子を形づくるところまで温度が下がる——自由な電子が失われて宇宙の内容物が輻射に透明となる——物質と輻射の結合が解けたことによって物質は星と銀河へと形成しはじめることが可能になる．さらに 100 億年程度経過した後に，生物がこの物語をふたたび構成しはじめる．

初期の宇宙についてのこの計算書には，直ちに観測とくらべることができるひとつの結果がある——最初の 3 分間

から取り残された物質は最初に星が形成されたに違いない材料であるが，22〜28パーセントのヘリウムを含み，残りのほとんど全部は水素でできていた．前に見たようにこの結果は，フォトンと核子の比が莫大であるという仮定に依存しているし，この仮定は現在の宇宙マイクロ波輻射背景で測定された3Kの温度にもとづいている．輻射の温度測定値を用いた宇宙論的ヘリウム形成の最初の計算は，ペンジャスとウィルソンによってマイクロ波背景が発見された直後に，1965年にプリンストンにおいてピーブルスによって行なわれた．同じような結果は，この計算とは独立にほとんど時を同じくしてもっと入念な計算によってR.ワゴナー，W.ファウラー，およびF.ホイルによって得られた．太陽をはじめとする星が誕生したときには，約20〜30パーセントのヘリウムを含んで大部分が水素であったことは当時すでに独立に推定されていたので，上の結果は宇宙の標準モデルにとってはすばらしい成功であった！

もちろん地球上にはきわめてわずかなヘリウムしかないが，それはヘリウム原子が非常に軽くて化学的に大変不活発なために，ずっと以前に地球から脱出したからというにほかならない．宇宙の最初のヘリウム含有量は，恒星進化の詳細な計算と観測された恒星の性質についての統計的解析との比較，および高温度星と星間物質のスペクトルでのヘリウム・スペクトル線の直接観測にもとづいて推定されている．実際その名前が示唆しているように（ヘリウムとは太陽の元素の意味）1868年にJ.N.ロッキャーによって行な

われた太陽大気スペクトルの研究において初めて元素として同定された.

1960年代の初め,銀河系におけるヘリウムの存在量はあまり大きくないばかりでなく,重い元素の量のようには場所によってあまり存在量が変化しないことが2,3の天文学者によって指摘された.重い元素は恒星内部で形成されるが,ヘリウムはどんな星も元素の合成を始める以前に初期の宇宙において形成されたともし考えれば,もちろんこのことはまさに予想されるところである.原子核の存在量の推定には,なおかなりの不確定さと推定値の違いがあるが,最初には20～30パーセントのヘリウムがあったという証拠は充分に強力であり,宇宙の標準的モデルを支持する人たちには大きなはげましであった.

最初の3分間の終りに形成された大量のヘリウムに加えて,主として重水素(中性子を1個余計に含む水素)と,ふつうのヘリウム核をつくらなかったヘリウムの軽い同位核ヘリウム3が微量に存在した.(それらの存在量は,ワゴナー,ファウラー,およびホイルの1967年の論文で初めて計算された.)ヘリウムの存在量とは違って,重水素の存在量は核合成時における核子の密度に非常に敏感である――密度が大きいと核反応は速く進むため,ほとんどすべての重水素はヘリウムにつくられてしまった.具体的に示したのがワゴナーが与えた値(右ページの表)で,フォトンと核子の3つの可能な比率に対して,初期の宇宙で形成された重水素の割合(重さで)を示してある.

フォトン/核子	重水素の存在量 (100万に対する割合)
1億	0.00008
10億	16
100億	600

　恒星内部での元素合成が始まる以前に存在していた初期の重水素量を決めることができれば，フォトン対核子の数の比を正確に決めることが可能である．そうすれば，3Kという現在の輻射温度がわかっているので，宇宙における現在の核子の質量密度の正確な値を決めることができ，宇宙が開いているか閉じているかを判断することができる．

　不幸なことに，本当に初期の重水素存在量を決めることは非常に難しい．地球上の水における重水素の重さでの存在量について，古典的な値は100万中の150である．(熱核反応がもしうまく制御できれば，その反応炉の燃料となるのがこの重水素である．)しかしこれは偏った値である．重水素原子はふつうの水素原子にくらべて2倍重いという事実のために，重水素は重水(HDO)という分子に結合しやすく，したがって水素よりも少ない割合のものが地球重力場から脱出してしまったと考えられる．これに対して太陽表面における重水素の存在量は，非常に小さいことが分光観測から示される——100万中の4以下である．これもまた偏った値である——太陽の外層部にある重水素はほと

んど水素と熱融合して、ヘリウムの軽い同位核 He^3 になることで壊されてしまっただろう.

宇宙の重水素量についての私たちの知識は、1973年に地球を回る人工衛星コペルニクスから行なわれた紫外観測によって、非常にしっかりしたものになった. 水素原子と同様に重水素原子は、もっともエネルギーの低い状態からエネルギーの高い状態へと励起される遷移に対応して、ある定まった波長の紫外光を吸収することができる. これらの波長はわずかではあるが原子核の質量に依存するので、恒星の紫外スペクトルが私たちに届くまでに水素と重水素の混じった星間ガスを通過して形成される吸収線では、それぞれの線は水素によるものと重水素によるものと2つの成分に分かれる. そして吸収線の1対の成分の相対的な暗さが、直ちに星間雲中の水素と重水素の相対的存在量を与えることになる. 不幸なことに地球大気の吸収によって、地上からではどんな種類の紫外線天文学の観測をすることもきわめて困難である. コペルニクス衛星は紫外分光計を搭載しており、これを用いてケンタウルス座ベータ星という高温度星のスペクトル中の水素吸収線が研究された. それらの相対的な強さから、われわれとケンタウルス座ベータ星の間にある星間物質は、100万中に約20（重さで）の重水素を含んでいることが見つけられた. 他の高温度星のスペクトル中に見られる紫外吸収線についてのもっと最近の観測でも、似たような結果が得られている.

100万中の20という重水素がもし本当に初期の宇宙で形

成されたものならば，核子1個あたり11億個のフォトンがあったに違いない（そして現在も）ことになる（163ページの表を参照）．3Kという現在の宇宙の輻射温度においては，1リットル中に55万個のフォトンがあるから，現在100万リットルについて約500個の核子がなくてはならない．これは第Ⅱ章で見たように，100万リットルにつき約3000個の核子という，閉じた宇宙に対する最小の密度よりもかなり小さい．したがって宇宙は開いているという結論になる．すなわち，銀河は脱出速度より速く運動しており，宇宙は永久に膨張を続ける．かりに星間物質の一部が（太陽におけると同様に）重水素を破壊する傾向がある星の形態をかつてとったとすれば，宇宙論的に形成された重水素量はコペルニクス衛星で決められた100万に対して20という値よりさらに大きかったに違いないし，したがって核子の密度は100万リットル中に500個より小さかったことになり，私たちの住む宇宙が開いて永久に膨張を続ける宇宙だという結論をいっそう確かにする．

　個人的には，このような線に沿った議論はあまり説得力がないように思われるとあえて言いたい．重水素はヘリウムとは違うのである——たとえ重水素の存在量が比較的密な閉じた宇宙で期待されるものより大きいように見えても，絶対的にはきわめて微量しか存在していないのである．その（多量な）重水素が"最近の"天体物理的現象で形成されたと想像することもできる——超新星，宇宙線，もしかすると準星的天体によってである．ヘリウムでは起こらな

かったことなのである．20〜30パーセントというヘリウムの存在量は，私たちが観測していないような莫大な量の輻射を解放することなしには，生成することはできなかったものである．コペルニクス衛星で見つけられた100万中の20という重水素がなにかありきたりの天体物理的機構でつくられたものならば，リチウム，ベリリウム，そしてホウ素のような他の軽い微量元素が同時に異常なほど多量につくられたはずだという議論もある．しかし，まだ誰も考えていないような非宇宙論的な機構でこの微量な重水素がつくられたのではないと，どうして確信できるのか私には理解できない．

　私たちの周囲の到るところに存在し，しかも観測することができないように見える初期宇宙の残骸がもう1つある．われわれは第3フレームにおいて，宇宙の温度が約100億度以下に下がって以来，ニュートリノは自由な粒子のようにふるまってきたことを見た．その間，ニュートリノの波長は宇宙の大きさに比例して単に延びただけである．したがってニュートリノの数とエネルギー分布は，ニュートリノが熱平衡にあったとしたときと変わらないままであったが，ただ宇宙の大きさに逆比例して温度が下がっただけである．その事情は，ニュートリノよりずっと後まで熱平衡にあったフォトンに起こったこととほとんどまったく同じである．したがって現在のニュートリノ温度は，現在のフォトン温度とほぼ同じであるべきだということになる．そのため宇宙にある核子の1つずつに，およそ10億個程度

のニュートリノと反ニュートリノがあるだろう．

このことについては，もっとずっと正確にすることができる．宇宙がニュートリノに対して透明になった少し後で，電子と陽電子は消滅を始め，フォトンを暖めはしたがニュートリノは暖めなかった．その結果，現在のニュートリノ温度は現在のフォトン温度より少し低いはずである．ニュートリノ温度はフォトン温度より，$\frac{4}{11}$ の3乗根つまり 71.38 パーセントという因子だけ低いことが比較的容易に計算することができる——したがってニュートリノと反ニュートリノはフォトンにくらべて 45.42 パーセントしか宇宙のエネルギーに寄与しない（数学ノート 6，305 ページを参照）．はっきりと表立っては記さなかったが，私がこれまで宇宙の膨張時間を引用したときは，この余分なニュートリノのエネルギー密度を考慮に入れてある．

初期宇宙の標準モデルをもっとも劇的に検証する可能なものは，このニュートリノ背景を検出することだろう．その温度はしっかりと予測することができる．それはフォトン温度の 71.38 パーセント，すなわちほとんどちょうど 2 K である．ニュートリノの数とエネルギー分布について唯一の理論的な不確かさは，われわれが仮定してきたようにレプトンの数密度が小さいかどうかという点にあるだけである．（レプトン数というのはニュートリノや他のレプトンの数から，反ニュートリノや他の反レプトンの数を引いたものであることを思い出そう．）もしレプトンの数密度がバリオンの数密度と同様に小さいならば，10 億中の 1 くら

いの違いでニュートリノと反ニュートリノの数は互いに等しくなくてはならない．これに対してもしレプトンの数密度がフォトンの数密度と同程度であるならば，相当に過剰なニュートリノ（あるいは反ニュートリノ）と反ニュートリノ（あるいはニュートリノ）の不足という"縮退"が生じただろう．そのような縮退は最初の3分間における中性子－陽子の釣合いに影響を与えるし，したがって宇宙論的に形成されたヘリウムと重水素の量を変えただろう．2Kの宇宙ニュートリノと反ニュートリノ背景を観測すれば，宇宙が大きなレプトン数をもっているか否かの疑問に直ちに決着をつけるだろうが，しかしもっと重要なことは，初期の宇宙についての標準モデルが本当のものであることを証明することである．

　しかしなんたることだろう！　ニュートリノはふつうの物質とあまりにも弱くしか相互作用しないために，2Kの宇宙ニュートリノ背景を観測する方法を考え出すのに成功した人はいない．1つひとつの核子に対しておよそ10億個のニュートリノと反ニュートリノが存在していて，しかもどのようにしてそれを検出していいのか誰にもわからないというのは，本当にじれったい話である！　たぶん，いつか誰かがやるだろう．

　最初の3分間のこのような報告を追いながら，読者は科学的な自信過剰の兆しを感じるかもしれない．それは正しいのかもしれない．しかし，偏見のない心を保つことだけで科学がもっともよく進歩するとは私は考えない．疑念を

忘れて，結末がどうなろうとも仮定から導かれることを追求してゆくことが必要な場合もしばしばある——大事なことは理論的な偏見にとらわれないことではなくて，正当な理論的偏見をもつことである．そしていつでも，理論的な先入観はどんなものでも，それが導く結果によって試される．初期の宇宙についての標準モデルはある成功を収めたし，これからの実験的計画に対して筋の通った理論的な枠組みを与えている．このことは標準モデルが正しいということを意味するものではないが，それが真剣に取りあげられる価値があることを意味している．

それにもかかわらず，標準モデルの上には暗雲のごとくかげりを与えているひとつの大きな不明確さが存在する．この章に述べたすべての計算の基礎には宇宙原理があり，それは宇宙が一様で等方であるという仮定である．（47ページ参照．"一様"というのは，宇宙の一般的膨張に乗っているどんな観測者に対しても，その観測者がどこに位置していても宇宙が同じに見えるということであり，"等方"というのは，そのような観測者にとって宇宙はどの方向を眺めても同じに見えるということである．）

宇宙マイクロ波輻射背景はわれわれのまわりできわめて等方であることが直接の観測からわかっており，このことから私たちは，約 3000 K の温度において輻射が物質と平衡でなくなって以来宇宙はきわめて等方で一様であったと推論する．しかし，もっと初期において宇宙原理が成り立っているという証拠はもっていない．

宇宙が最初にはきわめて非一様かつ非等方であったが，膨張宇宙の各部分が互いに及ぼす摩擦力によって，その後ならされたということも可能である．このような"ミックス・マスター"モデルは，メリーランド大学の C. ミズナーによって提唱されている．10億対1というフォトンと核子の現在の莫大な比率が，摩擦による宇宙の一様化と等方化の過程で発生した熱のせいであるということさえも，ありうることである．しかし私の知る限り，なにか特定した初期の非一様性や非等方性がなぜ宇宙になければならないのかの理由は誰にもわからないし，それがならされる過程で発生する熱をどう計算したらよいかは誰にもわからないのである．

私の考えは，そのような不明確さに対応するふさわしい方法は，（一部の宇宙論研究者が好むかもしれないように）標準モデルを棄てることではなく，むしろそれと真剣に取り組んで，観測との矛盾を調べられればよいということを希望して，モデルから導かれることを徹底的に調べることであると考える．宇宙初期の大きな非等方性や非一様性が，この章で述べた話に大きく影響するかどうかさえも明らかではない．宇宙は最初の数秒間になめらかにされてしまったかもしれないが，その場合には，宇宙原理がつねに成り立っていたとしてヘリウムと重水素の宇宙論的な形成を計算してもかまわない．もしかりに宇宙の非等方性と非一様性がヘリウムが合成された時代の後まで残っていたとしても，一様に膨張している塊のなかでのヘリウムと重水素の形成

はその塊の内部における膨張の割合にだけ依存し，標準モデルで形成を計算したものとあまりは違わないだろう．原子核合成の時代にまでさかのぼって私たちが見ることができる全宇宙は，非一様で非等方なずっと大きな宇宙のなかの，一様で等方な塊のひとつにすぎないということさえありうるかもしれない．

　私たちが宇宙のまさに始まりを振り返ったり，あるいはその終局的な時点にまで目を向けると，宇宙原理の周辺にある不明確さは本当に重大になる．終りの2つの章のほとんどにおいても，私はこの原理に頼りつづけることにする．しかし，私たちの簡単な宇宙論のモデルは宇宙の一部分を，あるいは宇宙の歴史のある限られた部分を記述するにすぎないかもしれないということは，いつも認めておかねばならない．

VI
歴史的なよりみち

　ここでちょっと初期の宇宙の歴史から離れて，宇宙論の研究における最近 30 年間の歴史に目を向けよう．私にとって謎めいて思われたことやすばらしいと心を打たれた歴史的な問題を，とくにここで私は取りあげたい．1965 年の宇宙マイクロ波輻射背景の検出は，20 世紀におけるもっとも重要な科学的発見のひとつであった．どうしてそれは偶然に発見されなければならなかったのか？　言い換えると，どうしてこの輻射を検出しようという系統的な研究が 1965 年以前になかったのか？

　前の章で見たように，宇宙の輻射背景温度および質量密度の現在の値として測定された結果から，私たちは観測とよく合っているようにみえる軽い元素の存在量を予測することができる．1965 年よりずっと以前に，宇宙のマイクロ波背景を予測するために，この計算を逆向きに行ない，マイクロ波背景の検出を始めることは可能であったろう．約 20〜30 パーセントのヘリウムと 70〜80 パーセントの水素という，観測された現在の宇宙組成から，核子中の中性子

の割合が10〜15パーセントに減った時点に原子核合成が始まったに違いないと推論することは可能であったろう．（現在のヘリウム量は，重さで原子核形成時における中性子の割合のちょうど2倍であることを思い出してほしい．）中性子の割合がこの値になるのは，宇宙が約10億度（10^9 K）の温度においてである．この時点に原子核合成が始まったという条件によって，10億度の温度における核子の密度を大ざっぱに推定することができるし，一方この温度におけるフォトンの密度はよく知られている黒体輻射の性質から計算することができる．したがって，その時点におけるフォトンと核子の数の比もまた知られる．しかしこの比は変化しないから，現在のその値も同様にまたわかることになる．したがって核子の現在の密度を観測して，フォトンの現在の密度を予測することができ，現在の温度が大ざっぱに絶対温度で1度から10度の範囲にある宇宙マイクロ波輻射背景の存在を予想することができるだろう．科学の歴史がもし宇宙の歴史のように非常に簡単で直接的ならば，このような考えに沿った予測を1940年代か1950年代に誰かがしただろうし，そんな予測にそそのかされた電波天文学者は輻射背景を探しただろう．

　実際これと同じような考えに沿った予測は1948年になされたが，それによって当時もまたその後も，輻射背景を見つけようということにはならなかった．1940年代の終りに，"ビッグバン"宇宙論がガモフと協力者であったアルファとハーマンによって研究された．彼らは宇宙が（純粋な）

中性子だけで出発したこと,中性子が自然に陽子,電子,および反ニュートリノに変わるというよく知られた放射性崩壊の過程によって,中性子は陽子に転換しはじめることを仮定した.膨張のある時期に,宇宙は充分冷えて,急速な一連の中性子捕獲によって中性子と陽子とから重い元素がつくりあげられる.観測された現在の軽い元素の組成を説明するためには,フォトンと核子の比を10億程度に仮定しなくてはならないことをアルファとハーマンは見つけた.現在の宇宙における核子密度の推定を用いて彼らは,初期の宇宙から取り残されていて,現在の温度が5Kであるような輻射背景が存在することを予測することができた!

アルファ,ハーマン,およびガモフのもともとの計算は,細部にわたってすべて正しいわけではない.前の章で見たように,宇宙は純粋な中性子ではなく同数の中性子と陽子からたぶん出発した.また,中性子の陽子への変換は(そして逆は)中性子の放射性崩壊によってではなく,主として電子,陽電子,ニュートリノ,および反ニュートリノとの衝突によって起こった.これらの点は1950年に林忠四郎によって注意され,1953年までにアルファとハーマンは(J. W. フォリン Jr. と一緒に)彼らのモデルを改訂し,中性子-陽子のバランスが偏ることについて実質的に正しい計算を行なった.実際これは,宇宙初期の歴史についての最初の,まったく近代的な分析であった.

それにもかかわらず,1948年あるいは1953年には予測されたマイクロ波輻射を誰も探ろうとはしなかった.実際,

1965年以前には,"ビッグバン"モデルにおいて水素とヘリウムの存在量を説明するには,現在の宇宙には実際に観測される可能性のある宇宙輻射背景が存在しなくてはならないということは,天体物理学者には一般に知られていなかった.ここで驚くべきことは,天体物理学者がアルファとハーマンの予測を一般に知っていなかったことではない——論文の1つや2つは科学文献の大洋のなかではいつでも知られずに沈んでいってしまいうる.もっとわからないことは,その後10年以上にわたって誰ひとり同じ考えによる研究を続けなかったことである.理論的材料はすべてわかっていたのである."ビッグバン"モデルにおける原子核形成の計算が,ソビエトでゼルドヴィッチ,イギリスでホイルとテイラー,そしてアメリカでピーブルスによって,それぞれ独立にふたたび始められたのは1964年になってからである.しかしこのときにはペンジャスとウィルソンはすでにホルムデルにおいて自分たちの観測を始めており,宇宙論の理論的研究者たちの扇動をなにも受けることなくマイクロ波背景を発見することになった.

アルファ-ハーマンの予測について知っていた人たちが,それを非常に重要視したように思われないのも謎である.アルファ,フォリン,およびハーマンたち自身も1953年の論文において,原子核合成の問題を"将来の研究"として残し,自分たちの改良したモデルにもとづいてマイクロ波輻射背景の予測される温度をふたたび計算しようという立場にはなかった.(彼らは5Kの輻射背景が期待される

という自分たちの以前の予測に言及もしなかった．彼らは1953年のアメリカ物理学会の年会で原子核合成のある計算について報告したが，3人は別々の研究所へと移っていって，この研究はついに最終的な論文にはまとめられなかった．）何年もたった後で，マイクロ波輻射背景が発見された後でペンジャスに宛てた手紙のなかでガモフは，1953年にオランダ王立アカデミー紀要に載せた論文のなかで，7Kと大ざっぱに正しい温度をもつ輻射背景を自分が予測したことを指摘した．しかしこの1953年の論文をちょっと見れば，ガモフの予測は宇宙の年齢と関係した数学的に誤った議論にもとづいているものであり，宇宙の原子核合成についてのガモフ自身の理論にもとづいたものでないことがすぐわかる．

宇宙における軽い元素の量は，1950年代と60年代の初めには，輻射背景の温度について定まった結論を引き出すほど充分よくはわかっていなかったという意見もあるだろう．現在でさえも，宇宙のヘリウム量が普遍的に20〜30パーセントの範囲にあると，私たちが確信をもてるのでないことは本当である．しかし重要な点は，1960年よりずっと以前から，宇宙の物質の大部分は水素の姿をしていると考えられていたということである．（たとえば，H. スエスとH. ユーレーによる1956年の研究では水素量を重さで75パーセントとしている．）そして水素は星の内部で形成されはしない——恒星内部でより重い元素をつくってゆくことによって星のエネルギーを供給しているもともとの燃

料である．このことはそれ自身，初期の宇宙において水素をすべてヘリウムをはじめとする重い元素に変えられてしまうことをさまたげるように，フォトンと核子が非常に大きな比率であったに違いないことを示すのに充分である．

しかし，3Kの等方的な輻射背景を観測することは，実際技術的にはいつ頃に可能となったのかという疑問をもつかもしれない．これについて正確に論ずるのは難しいが，実験にたずさわっている私の同僚たちは，1965年よりずっと以前に，おそらく1950年代の中頃か1940年代のなかばにさえも，観測することができただろうと私に話している．1946年にマサチューセッツ工科大学輻射研究所の誰あろうディッケのチームは，地球外からの等方的な輻射の上限を定めることに成功していた――1.00，1.25，および1.50センチの波長において，上限の等価温度は20K以下であった．この観測は地球大気吸収についての研究の副産物であり，確かに観測的宇宙論の計画の一部ではなかった．（実際，宇宙マイクロ波輻射背景についてディッケが考察を始めた頃には，ほとんど20年も昔に背景温度について自分で得ていた20Kという上限のことを忘れていたと私に話してくれた！）

3Kの等方マイクロ波背景の検出が可能になったのは正確にいつかということは，歴史的に非常に重要であるとは私には思えない．重要な点は，自分たちがその検出を試みるべきだということを電波天文学者たちが気がついていなかったことである．これと対照的に，ニュートリノの場合

を考えてみよう．1932年にパウリによって初めてニュートリノ仮説が出されたとき，当時可能であったどんな実験によっても，ニュートリノを観測するチャンスのかげさえもないことは明らかだった．しかしニュートリノの検出は挑戦の目標として物理学者の心に留まっており，原子核加速器が1950年代にそのような目的に用いられるようになるとニュートリノが探し求められ，そして見つけられた．反陽子の場合には，この対照はいっそうはっきりしている．1932年に陽電子が宇宙線中で発見されてからは，電子と同様に陽子にも反粒子があるべきだと理論家たちは一般に期待した．1930年代に使用できた初期のサイクロトロンでは反陽子をつくるチャンスはまったくなかったが，物理学者たちはこの問題をいつも心にかけつづけ，1950年代になって反陽子をつくるのに充分なエネルギーをとくにもっている加速器（カリフォルニア州バークレーのベバトロン）が建造された．宇宙マイクロ波輻射背景の場合には，ディッケたちが1964年にその検出に着手するまで，そのようなことはなにも起こらなかった．ディッケたちが着手したときでさえも，プリンストンのこのグループは，10年以上前のガモフ，アルファ，そしてハーマンたちの研究に気がついていなかった！

それなら，どこが一体悪かったのだろう？　3Kマイクロ波輻射背景を探すことの重要性が，1950年代から60年代の初めにどうして一般的に認められなかったかについては，少なくとも3つの興味深い理由をここでたどることが

できる．

第1には，ガモフ，アルファ，ハーマン，そしてフォリンなどの人たちは，もっと広い宇宙進化の理論に関連して研究していたということを念頭におく必要がある．彼らの"ビッグバン"理論においては，ヘリウムだけではなく実質的にすべての複雑な原子核が，中性子を急速に捕えてゆくという過程によって初期の宇宙で形成されたと考えた．しかしこの理論は，一部の重い元素の存在量の比率を正しく予測はしたものの，重い元素がそもそもなぜ存在したのかということを説明するところで壁にぶつかってしまった！前にも指摘したように，5個あるいは8個の核子をもつ安定した核は存在しないから，ヘリウム（He^4）原子核に中性子あるいは陽子を加えることによって，または1対のヘリウム核の融合によって，ヘリウムより重い原子核をつくることは不可能である．（この障害はE.フェルミとA.タークヴィッチによって最初に指摘された．）この困難さがわかると，この理論におけるヘリウム形成の計算を真面目に受け入れることさえも，理論家にとっては気が進まなかったということは想像にかたくない．

元素合成の宇宙論的理論は，元素は恒星内部で合成されるというそれに代わる理論に進展が見られるにつれて，さらに基盤を失った．1952年にE.E.サルピーターは，ヘリウムの多い高密度の星の芯において5個あるいは8個の核子をもつ原子核の溝は跳び越えられることを示した．すなわち，2個のヘリウム原子核の衝突でベリリウム（Be^8）と

いう不安定な核が形成されるが,高密度という星の芯の条件のもとではベリリウム核は崩壊する以前に別のヘリウム核と衝突して,安定した炭素原子核(C^{12})を形成するというのである.(宇宙論的原子核合成の時期における宇宙の密度は,この過程が起こるにはあまりに小さすぎる.) 1957年にバービッジ夫妻,ファウラー,およびホイルの有名な論文が発表され,重い元素が星の内部で,とくに超新星のような星の爆発や,中性子流束が強い期間につくられることが可能なことが明らかにされた.しかし 1950 年代より以前においてさえ,水素以外のすべての元素は恒星内部において形成されると考える傾向が天体物理学者の間では強かった.このことは,20 世紀初めに天文学者たちが,恒星内部で発生するエネルギー源を見つけるために苦闘せねばならなかったことの影響だったかもしれないとホイルは私に注意したことがある. 1940 年までに H. ベーテをはじめとする人たちの研究によって,鍵となる過程は 4 個の水素原子核から 1 個のヘリウム核への核融合であることが明確になり,この描像によって 1940 年代と 50 年代において恒星の進化は急速に理解されることになった.ホイルがいうように,これらもろもろの成功の後では,恒星が元素形成の舞台であることを疑うのは,多くの天体物理学者にとってはつむじ曲りのように思われたのであった.

しかし,元素の恒星起原の理論にも問題はあった.星がどのようにして 25～30 パーセントという量のヘリウムをつくることができたかを説明することは困難である——実

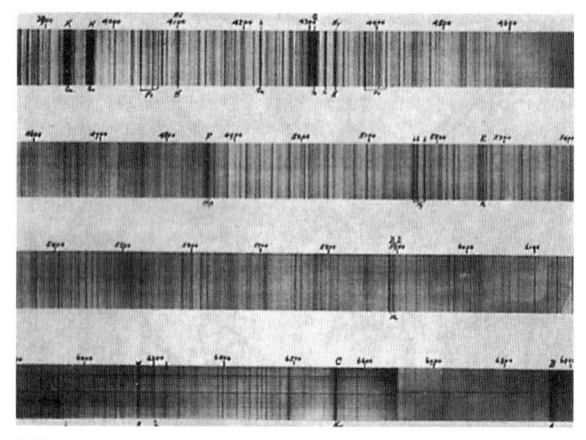

太陽スペクトル この写真は，13フィート太陽分光器によっていろいろな波長に分解された太陽光を示している．平均して，異なる波長における強度は，5800 K の温度において完全な不透明（あるいは"黒"）体によって放たれるものとほぼ同じである．しかしスペクトルに見られる垂直な暗い"フラウンホーファー"線は，太陽の表面からの光が比較的温度が低く部分的に透明な外部領域において吸収されることを示している．各暗線は決まった波長における光の選択吸収によって生じたもので，線が暗いほど吸収は強い．波長はスペクトルの上にオングストローム単位（10^{-8} cm）で示してある．これらの線の多くのものは，カルシウム（Ca），鉄（Fe），水素（H），マグネシウム（Mg），ナトリウム（Na）というような特定な元素によって光が吸収されたものであると同定されている．われわれが種々の化学元素の宇宙組成を推定できるのは，このような吸収線の研究にもよるところが大きい．遠い銀河のスペクトル中に見られる対応する吸収線は，その正規の位置から長波長側に偏移しているのが観測される；宇宙が膨張していることをわれわれが推論するのは，そのような赤方偏移によってである．（ヘール天文台撮影）

際この融合反応で解放されるエネルギーは，恒星がその生涯を通じて放つと思われるものよりはるかに大きい．宇宙論的理論ではこのエネルギーを非常にうまく取り除く——一般的な赤方偏移において単に失われるのである．1964年にホイルとテイラーは，現在の宇宙における大きなヘリウム存在量はふつうの星で形成することが不可能であることを指摘し，"ビッグバン"の初期の段階において形成されただろうヘリウム量の計算を行なって，重さで36パーセントという値を得た．反応が起こる温度はフォトンと核子の比という当時はわからなかったパラメーターの値に依存するという事実にもかかわらず，奇妙なことであるが，彼らは原子核合成が起こった瞬間を50億度という任意性のある温度にとった．彼らがもし自分たちの計算を用いて，観測されたヘリウム存在量からフォトンと核子の比を推定したならば，ほとんど正しい値の温度で現在のマイクロ波輻射背景を予測することができただろう．そういうことはいえるにしても，定常宇宙論の創始者の一人であるホイルが進んでこのような考えに沿った研究を進め，"ビッグバン"モデルに似た考えに証拠を与えたことを喜んでいるというのは驚くべきことだ．

　原子核合成は宇宙論的な過程と恒星内部の過程の両方で行なわれたと，今日では一般に考えられている——ヘリウムと，おそらく2,3の他の軽い原子核は初期の宇宙で合成され，一方他のすべては星の内部でつくられた．原子核合成の"ビッグバン"理論はあまりにも多くのことをやろう

と試みて,ヘリウム合成の理論に本当に値するというもっともらしささえ失ってしまったのである.

2番目に,これは理論家と実験家の間のコミュニケーション断絶の古典的な例である.理論家の大部分の人たちは,等方的な3K輻射背景が検出できようなどとは実感していなかった.1967年6月23日付のピーブルス宛ての手紙のなかでガモフは,ガモフ自身もアルファやハーマンも,自分たちが宇宙論の研究をしていた時代には電波天文学はまだ幼児期にあったから,"ビッグバン"から取り残された輻射を検出する可能性など考えはしなかったと釈明している.(しかしアルファとハーマンは私に,自分たちは実際にジョンズ・ホプキンス大学,海軍研究所,およびアメリカ度量衡基準局のレーダー専門家たちと宇宙輻射背景を観測することの可能性を調べたが,輻射背景温度が5Kから10Kというのは当時の技術では検出できないほど低すぎるといわれたと話してくれた.)これに対し,ソビエトの一部の天体物理学者はマイクロ波背景が検出可能であると認識していたようであるが,アメリカの学会誌の言葉に惑わされてしまった.1964年の総合報告のなかでゼルドヴィッチは,現在の輻射温度の2つの可能な値に対して宇宙のヘリウム存在量について正しい計算を行ない,核子あたりのフォトンの数(あるいは核子あたりのエントロピー)は時間がたっても変わらないから,ヘリウム量と現在の輻射温度という2つの量は関連していることを正しく強調している.しかし彼は,E.A.オームが『ベル・システム技術集報』に1961

年発表した論文に使ってある"空の温度"という術語を誤解してしまったようで，輻射温度の測定の結果は1K以下であると結論してしまった．（オームが用いたアンテナは，ペンジャスとウィルソンがついにマイクロ波背景を発見したのに用いたのと同じ20フィートの角型アンテナであった！）このことが，宇宙のヘリウム量をむしろ小さく推定したことと相まって，とりあえずゼルドヴィッチに熱い初期の宇宙という考えを棄てさせることになってしまった．

もちろんその情報は同時に実験家から理論家へとまずく流れてゆき，また理論家から実験家へと具合悪く流れていった．1964年に自分たちのアンテナを調べるのに着手したとき，ペンジャスとウィルソンはアルファ-ハーマンの予測についてはまったくなにも聞いたことがなかった．

3番目で私が一番重要だと思うのは，物理学者にとって初期の宇宙についての理論はどんなものでも真剣に考えることが非常に困難であったから，"ビッグバン"説は3Kマイクロ波背景を探すことにつながらなかった．（私はここで1965年以前の私自身の心がまえをなかば思い出して述べている．）上に述べた困難さの1つひとつは，ほんの少しの努力で克服することができた．しかし最初の3分間は私たちから時間的にあまりにも遠く離れているし，温度と密度の条件があまりにもなじみがないので，統計力学や原子核物理学の通常の理論を応用するのは不安なのである．

これは物理学においてよく見られることである——私たちの誤りはわれわれの理論をあまりに真剣に受け取ること

ではなくて，われわれの理論を充分真剣に受け取らないことである．私たちが机の上でいじっているこれらの数字や方程式が，実際の世界とかかわっているということを実感するのはいつでも難しいことである．いっそうよくないことには，ある現象は立派な理論的ないし実験的努力に値するテーマとはならないという一般的な了解がしばしばあるように思われる．ガモフ，アルファ，そしてハーマンは進んで初期の宇宙を真剣に取りあげたこと，知られている物理法則がその最初の3分間について結論せねばならないことを明確にしたことによって，とくに，比類ない名声に値する．しかも彼らでさえも，最終的な段階までたどりついてマイクロ波輻射背景を探すべきだと電波天文学者たちを納得させるにはいたらなかった．3K輻射背景が1965年に最終的に発見されて果たしたもっとも重要なことは，初期の宇宙が存在したのだという考えを真剣にわれわれすべてに取りあげさせたことであった．

　私はこの取り逃した好機に関して，くどくどと述べた．これは，もっとも啓発される種類の科学の歴史であるように私に思えるからである．科学の史料のあまりにも多くのものが，偶然のうまい発見，輝かしい推論，あるいは一人のニュートンや一人のアインシュタインの偉大で不思議な飛躍というような成功を取り扱っていることは理解することができる．しかし，科学の成功がいかに困難であったかを理解することなしには，成功を本当に理解することができるとは私は考えない——惑わされるのはいかに容易であ

るか，どんなときにでも次になすべきことはなにかを知ることはどんなに難しいことであるか．

VII
最初の100分の1秒間

　第V章で述べた最初の3分間についての私たちの話は，宇宙開闢の瞬間から始まってはいない．私たちの宇宙の温度がすでに1000億度（10^{11} K）に下がり，多量に存在していた粒子がフォトン，電子，ニュートリノ，およびそれらの反粒子だけになっていた"第1フレーム"から出発した．自然界における粒子がもし本当にこれらのタイプだけであるならば，私たちは宇宙の膨張を時間の逆向きに外挿して，無限に大きい温度と密度をもった状態であるような本当の始まりが，第1フレームの0.0108秒以前にあったに違いないと推察することがたぶんできる．

　しかし現代物理学では，パイ中間子，陽子，中性子等々，これ以外にもたくさんのタイプの粒子が知られている——私たちがより初期へと振り返って眺めると，温度や密度が非常に大きいため，これらの粒子がすべて非常に大量に存在して熱平衡の状態にあり，すべての粒子がたえず相互に作用を及ぼしあっているような状態にぶつかる．私がはっきりさせたいと考えている理由によって，そのような混合

物の性質をある程度確信をもって計算できるほどの,素粒子の物理学についての知識を私たちはまだもちあわせていないのである.こうして,ミクロな物理学に関する私たちの無知のベールのために,宇宙のごく最初はなおはっきりと眺めることができない.

もちろん,このベールの向こうをのぞき見ようとは試みられている.その衝動は,天体物理学よりも素粒子物理学で研究を続けてきた私自身のような理論研究者にはとくに強い.現代の素粒子物理学の興味深いアイデアのなかには,現在では実験室において検証することがきわめて困難であるが,ごく初期の宇宙に応用するときわめて劇的な結果が導かれるような不思議なものがたくさんある.

1000億度以上の温度にまで振り返ってみる場合,われわれが直面する最初の問題は,素粒子の"強い相互作用"である.強い相互作用とは,原子核のなかで中性子と陽子を互いに結合させておく力である.その力の及ぶ範囲は約10兆分の1センチ(10^{-13} cm)と極端に短いので,電磁気力や重力と同じ意味あいでは私たちの日常生活になじみ深いものではない.分子のなかにおいてさえ,原子核は典型的には1億分の1センチ(10^{-8} cm)の2,3倍くらい離れているが,別の原子核の間の強い相互作用は実質的にはなんの影響ももたない.しかしその名の示すように,強い相互作用は非常に強い.2個の陽子を充分接近するまで押し近づけると,その間の強い相互作用は電気的な反発力の約100倍も強くなる——この強い相互作用のおかげで,ほとんど

100個もの陽子の電気的反発力に対抗して原子核が結合していられるのである．強い相互作用によって互いにもっとしっかり結合できるように中性子と陽子を再配置することによって，水素爆弾の爆発は起こる．爆弾のエネルギーはこの再配置によって解放された，まさに余分なエネルギーなのである．

電磁相互作用にくらべると強い相互作用を数学的に扱うことが比較できないほど困難であるのは，強い相互作用の強いことなのである．たとえば，相互の電磁気的反発によって2個の電子が散乱する割合を計算するときには，われわれはそれに寄与する無限の分担を加え合わせねばならない．その1つひとつは，第10図にあるような"ファインマン図形"で象徴される一連のフォトンや電子-陽電子対の放出や吸収に対応している．（このような図を用いる計算の方法は1940年代の終りに当時コーネル大学にいたR.ファインマンによって考え出された．厳密にいう散乱過程の割合は，それぞれが各図に対応する寄与の和の平方で与えられる．）図にさらに1本内部的な線が加わると，"微細構造定数"と呼ばれている自然界の基礎定数におよそ等しい因子だけ，その図の寄与は小さくなる．この定数は1/137.036と非常に小さい．したがって複雑な図の寄与は小さく，私たちはただ2,3の簡単な図による寄与を加え合わせることにより，かなりの近似で散乱の割合を計算することができる．（われわれがほとんどいくらでも精密に原子スペクトルを予測することができると確信があるのはこのためである.)

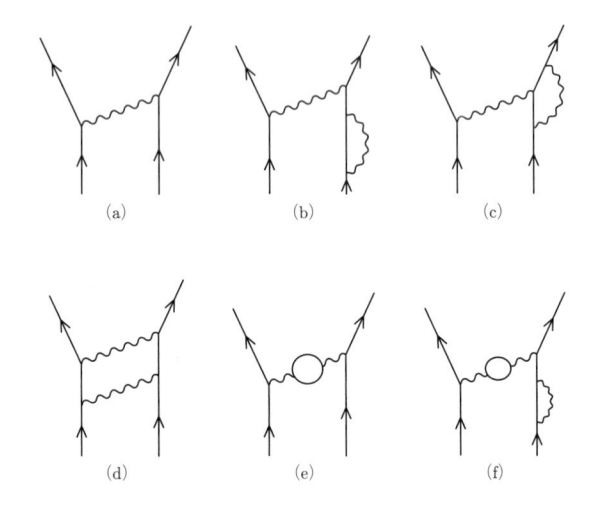

第 10 図　ファインマン図形のいくつか　ここに示したのは，電子 – 電子散乱の過程に対するいくつかの簡単なファインマン図形である．直線は電子あるいは陽電子を示し，波の線はフォトンを示す．各図形は，入ってきて出てゆく 2 つの電子の運動量とスピンに依存するある数値的な量を表わす：散乱の過程の割合は，すべてのファインマン図形とかかわるこれらの量の和の平方で与えられる．この和に対する各図形の寄与は，フォトンの線の数で与えられる，1/137（微細構造定数）という因子の数に比例する．図形 (a) は 1 個のフォトンの交換を表わすもので，1/137 に比例する主要な寄与をする．図形 (b)，(c)，(d)，および (e) は，(a) に対する主な "輻射" 補正をするすべての型の図形を表わし，いずれも $(1/137)^2$ の程度の寄与をする．図形 (f) は $(1/137)^3$ に比例するような，さらに小さな寄与をなす．

しかし強い相互作用では，微細構造定数の役目を果たす定数は1/137でなくてほとんど1に等しいため，複雑な図も簡単な図と同じように寄与する．強い相互作用を含む過程の割合を計算する困難というこの問題が，この四半世紀のあいだ素粒子物理学の進歩に対する最大の障害であった．

すべての過程が強い相互作用を含むわけではない．強い相互作用は"ハドロン"（強粒子）と呼ばれるクラスの粒子だけに影響を与える——これらは核子と，パイ中間子およびK-中間子と呼ばれる他の不安定な粒子，エータ中間子，ラムダ・ハイペロン（超核子），シグマ・ハイペロン，等々を含んでいる．ハドロンはレプトン（弱粒子）（"レプトン"という名前はギリシア語の"軽い"に由来している）よりも一般に重いが，本当に重要な違いは，ハドロンは強い相互作用の影響を感じるが，レプトン——ニュートリノ，電子，およびミュー粒子——は感じないことである．電子が核力を感じないという事実は圧倒的に重要である——電子の質量が小さいことと相まって，そのために原子あるいは分子における電子の雲は原子核より約10万倍も大きいし，また原子を分子のなかに結合させておく化学的力は，中性子と陽子を原子核内に結合させている力よりも何百万倍も弱い．原子や分子内の電子がもし核力を感じたとしたら，化学も結晶学も生物学もなく，あるのは原子核物理学だけである．

第V章で私たちが話を始めた1000億という温度は，すべてのハドロンに対するしきい温度よりも低いように注意深く選んだものである．（274ページの表1によれば，もっ

とも軽いハドロンであるパイ中間子のしきい温度は約 1.6 兆度である．）したがって，第 V 章の話を通じて多量に存在した粒子はレプトンとフォトンだけであり，それらの粒子間の相互作用は無視してもかまわないものであった．

もっと温度が高くて，ハドロンや反ハドロンが多量に存在するようになったら，どのように扱うことができるだろう？　これには，ハドロンの本性についての 2 つの非常に違った考え方を反映して，2 つのまったく異なった答えがある．

ひとつの考え方によると，"素な"ハドロンというようなものは本当には存在しない．それぞれのハドロンは他のハドロンと同じように基本的なのである——陽子や中性子のように安定ないしほとんど安定なハドロンばかりでなく，写真フィルムや泡箱内に測定できるくらいの飛跡を残せるくらいの寿命があるパイ中間子，K – 中間子，エータ中間子，およびハイペロンのようにかなり不安定な粒子ばかりでなく，光速度に近い速さでかろうじて原子核を通過できるくらいしか存在していないロー中間子のようなまったく不安定な"粒子"さえも基本的なものなのである．この説は 1950 年代の終りから 60 年代初めにかけて，とくにバークレーの G. チューによって発展されたもので，よく"原子核デモクラシー"と呼ばれている．

"ハドロン"についてそのような自由な定義をすると，しきい温度が 100 兆度以下であるようなハドロンは事実数百も知られていることになり，おそらくさらに数百種も発見

されるだろう．ある理論ではその種類の数には限りがない——われわれがより大きい質量を調べるにつれて粒子のタイプの数はどんどん急速に増大してゆく．このような世界を理解しようと試みるのは望みがないように思えるかもしれないが，粒子スペクトルの非常な複雑さは一種の単純さを導くことになるかもしれない．たとえばロー中間子は，2個のパイ中間子の不安定な複合体と考えることもできるハドロンである——計算のなかにロー中間子をはっきり含めることは，2個のパイ中間子の間の強い相互作用をすでにある程度考慮に入れているということである——私たちの熱力学の計算にすべてのハドロンをはっきりと含めれば，たぶん私たちは強い相互作用のすべての他の影響を無視することができる．

さらに，もし本当に限りない種類がハドロンにあるならば，与えられた体積中にどんどんエネルギーをつめこんでゆくと，エネルギーは粒子の無秩序な速度を増大するためには使われないで，そこに存在する粒子の種類の数を増大するのに使われる．したがってエネルギー密度の増大に伴って温度は，ハドロンの種類の数が限られている場合に上昇するほど急速には上昇しない．実際そのような理論では，エネルギー密度が無限大になった場合の温度の値としての極大温度がありうる．絶対零度が温度の下限であるように，これは克服できない上限であろう．ハドロン物理学における極大温度の考えは，もともとジュネーブにある CERN（欧州原子核研究センター）の R. ヘイジドーンによるもので，

その後マサチューセッツ工科大学の K. ファンや私をはじめとする理論家たちによって発展された．極大温度がどのくらいであるかについての，かなり精密な推定さえされている——絶対温度で約 2 兆度（2×10^{12} K）とそれは驚くほど低い．私たちが宇宙の最初により近づくほど，温度はこの極大にいくらでも近づいてゆき，そこに見られるハドロンの種類はどんどん増えてゆく．しかし，このように見なれない条件のもとでもなお，エネルギー密度が無限大の時刻つまり宇宙の開闢は，第 V 章の第 1 フレームの約 1/100 秒以前にあったであろう．

　もっとずっと伝統的で，"原子核デモクラシー" よりもふつうの直観にずっと近くて，私の考えでは真実にもっと近い考え方の別の一派がある．それによればすべての粒子は同等ではない——あるものが本当に素な粒子であり，他のすべてのものは素粒子の単なる複合にすぎないのである．素粒子を構成しているのはフォトンと知られているすべてのレプトンであるが，これまで知られているハドロンはどれも含んでいない．ハドロンはむしろ "クォーク" と呼ばれるもっと基本的な粒子の複合と考えるのである．

　もともとクォーク理論は，どちらもカリフォルニア工科大学の M. ゲルマンと，独立に G. ツワイクによるものである．理論物理学者たちの詩的な想像から，違った種類のクォークはまったく野放しに命名された．クォークにはいくつか違った型つまり "フレイバー"（香り）のものがあり，それらは "up" "down" "strange" そして "charmed" のように呼

ばれている.さらに,それぞれの"フレイバー"には3つの異なる"カラー"(色)があり,アメリカの理論家たちはふつう赤,白,そして青と呼んでいる.北京にいる理論物理学者の小さなグループはずっと以前からクォーク説に似た立場をとっていたが,これらの粒子は通常のハドロンよりも真実のより深い階層を表わしているというので,クォークというかわりに"stratons"と呼んでいた.

もしクォークの考えが正しければ,きわめて初期の宇宙の物理は以前考えられていたよりも簡単だろう.核子内部におけるクォークの空間分布からクォーク間の力についてある程度推論することが可能であり,一方核子内部におけるクォークの空間分布は(もしクォーク模型が本当であれば)核子と電子の高エネルギー衝突の観察から決めることができる.このようにしてマサチューセッツ工科大学とスタンフォード線型加速器実験所の協同研究によって,クォークが相互に非常に接近したときにはクォーク間の力は消えるように思われることが数年前に見つけられた.このことは数兆度付近のある温度において,ちょうど数千度で原子が電子と原子核に壊れ,数十億度で原子核が陽子と中性子に壊れてしまうように,ハドロンがその構成クォークに壊れてしまうことを示唆している.この描像に従えば,非常に初期において宇宙はフォトン,レプトン,反レプトン,クォーク,および反クォークからできていると考えることができ,それらすべては本質的には自由粒子のように運動しており,したがって各粒子の種類は実質的にはそれぞれ別

の種類の黒体輻射を与えていると考えられる．そうすれば，無限大の密度および無限大の温度のような状態としての開闢が，第1フレームの約 1/100 秒以前にあったに違いないことが容易に計算される．

このようなむしろ直観的な考えは，最近もっとしっかりと数学的に基礎づけられた．1973年にハーバード大学の H.D. ポリッツァーと，プリンストン大学の D. グロスおよび F. ウィルツェックという3人の若い理論家によって，ある特別な型の量子場の理論においては，クォークが互いに接近させられるとクォーク間の力は実際に弱くなることが示された（あまり専門的なのでここには理由を述べないが，この型の理論は，"非アーベル・ゲージ理論"と呼ばれている．）これらの理論は"漸近的自由"という特筆すべき性質をもっている――非常に短い距離や高いエネルギーにおいて，クォークは漸近的に自由粒子のようにふるまうのである．ケンブリッジ大学の J.C. コリンズと，M.J. ペリーによって，いかなる漸近的な自由理論においても，充分に高い温度と密度における媒質の性質は，媒質が純粋に自由粒子で構成されているとした場合と本質的に同じであることさえも示された．これら非アーベル・ゲージ理論の漸近的自由はこうして，最初の 1/100 秒間においては宇宙が自由な素粒子でできているという，非常に簡単な描像を数学的に正当化した．

クォーク模型は，さまざまな応用で非常にうまくいっている．陽子と中性子は，まるで3個のクォークで構成され

ているようにふるまうし, ロー中間子は1個のクォークと1個の反クォークで構成されているようにふるまう, という具合である. しかしこのような成功にもかかわらず, クォーク模型はわれわれを非常に当惑させる——現在の加速器で可能なもっとも高いエネルギーをもってしても, いかなるハドロンもその構成クォークに壊すことは現在まで不可能である.

自由なクォークを分離することが不可能だという同じことは, 宇宙論においても現われる. 初期の宇宙におけるような高い温度の条件のもとで, もしハドロンが自由なクォークに本当に壊れたならば, 自由なクォークが現在でも多少とも取り残されていることが期待できるだろう. ソビエトの天体物理学者ゼルドヴィッチは, 取り残された自由なクォークは現在の宇宙において金の原子とおよそ同じくらいにありふれていると推定した. 金が多量にないことはもちろんであるが, 1オンスの金を買うことは1オンスのクォークを買うことよりはるかに容易である.

遊離した自由なクォークが存在しないという困難は, 理論物理学が現在直面しているもっとも重要な問題のひとつである. グロスとウィルツェックと私によって, このことは"漸近的自由"で説明することができるかもしれないことが示唆された. 2個のクォークを互いに近づけ押しつけた場合にその間の相互作用の強さがもし減少するならば, 2個のクォークを遠く引っぱり離せばその強さは増大することになる. したがって, ふつうのハドロン内で1個のクォー

クを他のクォークから引き離すのに要するエネルギーは距離が大きくなるにつれて増大し，ついには真空中で新しいクォーク－反クォーク対を生成するのに充分なほど大きくなるように見える．結局は，いくつかの自由なクォークをばらばらにすることにならないで，数個のふつうのハドロンができてしまうことになる．それはまさに，1本の紐のひとつの端を遊離しようとつとめるのに似ている——もし非常に強く引っぱると紐は切れるが，最終的にはそれぞれが2つの端をもった2本の紐となる！ 初期の宇宙においてクォークは互いに充分に接近していたので，このような力を感じはしなかったし，自由な粒子のようにふるまうことができた．しかし，非常に初期の宇宙に存在していた自由なクォークはいずれも，宇宙が膨張して冷えるにつれて，反クォークと対消滅したか，あるいは陽子か中性子の内部に安住の場所を見出したかのいずれかであるに違いない．

強い相互作用についてずいぶんと述べた．宇宙のまさに始まりに向かって時計を逆戻しすると，私たちにはなお問題が残されている．

素粒子の近代的理論から導かれる本当に魅惑的なことのひとつは，273 K（=0℃）以下に温度が下がると水が凍るように，宇宙が相転移を受けたかもしれないということである．この相転移は強い相互作用とかかわっているのではなく，素粒子物理学におけるもう1つの短い距離の相互作用である弱い相互作用とかかわっている．

弱い相互作用とは，自由な中性子の崩壊（137ページ参照）

のような放射性崩壊過程のあるもの,もっと一般的にいうと,ニュートリノをまきこむような反応（143ページ参照）を起こさせるような相互作用である．名前が示しているように,弱い相互作用は電磁気相互作用や強い相互作用よりもはるかに弱い．たとえば100万電子ボルトでのニュートリノと電子の衝突において弱い力は,同じエネルギーで衝突する2個の電子間の電磁気力にくらべて約1000万分の1である．

　弱い相互作用のその弱さにもかかわらず,弱い相互作用の力と電磁気的な力の間には深い関係があるかもしれないと,ずっと以前から考えられてきた．これら2つの力を統一する場の理論は1967年に私によって,また1968年には独立にA.サラムによって提唱された．この理論は中性カレントと呼ばれる新しい型の弱い相互作用を予測したが,これが存在することは1973年に実験的に確認された．さらに1974年からは新しいハドロンの全ファミリーが発見されたことで,この理論はさらに支持されることになった．この種の理論の鍵となる考えは,種々の粒子と力を関係づけているが通常の物理現象においてははっきり現われていない,非常に高度の対称性が自然にはあるという考えである．強い相互作用を記述するために1973年以来用いられている場の理論は数学的に同じ型（非アーベル・ゲージ理論）であり,ゲージ理論は,弱い力,電磁気力,強い力,そしておそらくは重力という,自然界のすべての力を理解するための統一的な基礎を与えてくれるだろうと多くの物理学

者は現在考えている.この観点はサラムと私自身によって推測されていた統一的ゲージ理論の性質で支持されており,1971年にG.トフーフトとB.リーによって証明された——複雑なファインマン図形の寄与は無限であるように見えるが,すべての物理過程の割合に対して有限な結果を与える.

初期の宇宙の研究にとってゲージ理論に関して重要な点は,1972年にモスクワのレベデフ物理学研究所のD.A.カーツニッツとA.D.リンデが指摘したように,これらの理論では約3000兆度（3×10^{15} K）という"臨界温度"において,一種の氷結のような相転移を示すことである.臨界温度より下の温度では,宇宙は現在と同じようであった——弱い相互作用は弱く,作用する距離は短かった.臨界温度より上の温度では,弱い相互作用と電磁相互作用の間の本質的な統一性が明示された——弱い相互作用は電磁相互作用のような同じ種類の逆2乗法則に従い,およそ同じ強さをもった.

凍りつつあるグラスの水との類推がここで役に立つ.氷点より上では液体の水は高度の一様性を示している——グラスの中の一点で水の分子を見出す確率は,他のどんな点における確率とまさに同じである.しかし水が凍ると,空間における異なる点の間でのこの対称性は部分的に失われる——水分子は規則的に配位したある位置を占めて氷は結晶格子をつくり,それ以外のところでは水分子を見出す確率はほとんどゼロである.同じように,温度が3000兆度より下がって宇宙が"凍る"と対称性が失われた——私たち

のグラスの氷のようにその空間的な一様性ではなく，弱い相互作用と電磁相互作用の間の対称性が失われたのである．

類推をさらに進めることさえできる．よく知られているように，水が凍るときにはふつう氷の完全な結晶をつくることはなく，もっとずっと複雑なものをつくる——種々の型の結晶不規則性で分離された非常に混乱している結晶ドメイン（領域）をつくる．宇宙もドメインに凍ったのだろうか？　私たちは，弱い相互作用と電磁相互作用の間の対称性が特定具合に破れているようなひとつのそんなドメインに住んでいるのだろうか．そして，私たちは結局は他のドメインを発見するのだろうか？

これまでのところわれわれは，想像力によって3000兆度の温度にまで立ち戻り，強い相互作用，弱い相互作用，そして電磁相互作用を扱わなければならなかった．それでは，物理学で知られているもう1つの大きなクラスの相互作用である重力相互作用に関してはどうなるだろう？　重力は宇宙の密度とその膨張の割合の関係を制御するのであるから，われわれの話においてももちろん重要な役目を果たした．しかし重力は，初期の宇宙のいかなる部分においても，その内部的性質になんらかの影響を与えていることはこれまで見つかっていない．これは，重力的な力が極端に弱いことのせいである——たとえば水素原子内での電子と陽子の間の重力的な力は，電気力にくらべて10の39乗も弱い．

（宇宙論的過程における重力の弱さの一例は，重力場に

おける粒子生成の過程である．ウィスコンシン大学のL. パーカーによって，宇宙が開闢してから約1兆分の1秒の1兆分の1（10^{-24}秒）たった時刻には，宇宙の重力場の"潮汐"効果は空虚な空間から粒子‐反粒子対を生成できるほど大きかったことが指摘された．しかしこのような温度においても重力はなお非常に弱かったので，そのようにして生成される粒子の数は，熱平衡においてすでに存在している粒子に対してはその貢献は無視できるものであった．）

それにもかかわらず，重力が上に論じた強い相互作用と同程度に強かった時期をわれわれは少なくとも想像することができる．重力場は粒子の質量によってばかりでなく，すべての形態のエネルギーによってつくられる．太陽熱のエネルギーは太陽重力の源に少し加えられるから，かりに太陽が熱くないとした場合にくらべると，地球は太陽のまわりを少し速く回っているのである．超高温度においては，熱平衡にある粒子のエネルギーはあまりにも大きくなるため，それらの間の重力は他のどんな力にも匹敵するほどになる．こんな情況に達するのは，1兆度の1兆倍の1億倍（10^{32} K）程度の温度になったときであると推定できる．

この温度では，あらゆる種類の奇妙なことが起こっているだろう．重力場が強くて重力場によって多量に粒子が生成されるばかりでなく，"粒子"という考えそのものがもはやなんの意味ももっていなかっただろう．それより向こうからは，いかなる信号も到達することができないという"地平線"（73ページ参照）は，この時刻には熱平衡にある

典型的な粒子の一波長よりも近いのである．漠然といえば，それぞれの粒子は観測できる宇宙と同じくらい大きかったのである！

それ以前については，宇宙の歴史を理性的に憶測するに足るほどにも私たちは重力の量子的性格について知っていない．10^{32} K という温度に達したのは，開闢してからおよそ 10^{-43} 秒たった後であると大ざっぱに推測できるが，この推測が意味のあるものか否かも本当のところ明確ではない．こうして，他のどんなベールが取りはらわれても，10^{32} K の温度のところに，より初期の展望をなおさまたげているひとつのベールがある．

しかし，これらの不確かさのどれ1つとして西暦1976年の天文学にほとんど影響を与えるものはない．最初の1秒のあいだ宇宙はおそらく熱平衡の状態にあり，そこではニュートリノさえ含めてすべての粒子の数と分布は統計力学の法則によって決められたのであって，それ以前における粒子の歴史の詳細で決められたのではないという点が要点である．われわれがヘリウムの現在量を測り，あるいはマイクロ波輻射，あるいはニュートリノを測定してさえも，私たちが観測しているのは最初の1秒の終りに終結した熱平衡状態の遺物なのである．私たちにわかっている限り，そのとき以前の宇宙の歴史に依存するものでわれわれが観測できるものはない．（とくに今日われわれが観測するもので，おそらくフォトンと核子の比自身を除いては，最初の1秒以前に宇宙が等方で一様であったか否かに依存するも

のはない.）それはちょうど，最上の材料，細心に選んだスパイス，最高のワインをそろえて晩餐を用意した後で，全部一緒くたに大鍋にぶちこんで2,3時間煮てしまったようなものである．どんなに舌のきいた食通でさえも，一体なにが出されることになっていたのかを知ることは難しいだろう．

ひとつ例外があるかもしれない．重力の現象は電磁気現象に似て，遠く離れたところでのよく知られている静的作用と同時に，波の形で現われうる．静止している2つの電子は，それらの距離に依存する静的な電気力によって互いに反発するが，もし私たちが一方の電子を前後にゆすっても他方の電子は，間隔が変化したことが一方から他方への電磁波で運ばれる時間がたつまでは，自分に作用する力が変化したことをなんら感じはしない．これらの波が光速度で進むことはいうまでもない——それらは可視光である必要はないが，光である．同じようにもし無分別な巨人が太陽を前後にゆすったとしたら，波が太陽から地球まで光速度で伝わってくるに要する8分20秒の間，地球上にいるわれわれはその効果を感じない．これは振動する電場と磁場の波である光波ではなく，振動が重力場において起こる重力波である．電磁波に対するのと同じように，われわれはあらゆる波長の重力波をひとまとめにして"重力輻射"という．

重力輻射は物質と，電磁輻射よりもずっと弱く，ニュートリノとくらべてさえも弱くしか作用しない．（そのために，

理論的には重力輻射が存在することは確信しているが,あらゆる不屈な努力が続けられたにもかかわらず,これまでのところいかなる源からの重力波検出も成功していない.)したがって重力輻射は非常に初期に,実際それは温度が約10^{32} K の頃に,宇宙の他の内容物とは熱平衡でなくなってしまった.それ以来,重力輻射の有効温度は宇宙の大きさに逆比例して単に下がってきた.クォーク–反クォーク対およびレプトン–反レプトン対の消滅が宇宙の残りのものを暖めたのに重力輻射を暖めることはなかった点を除けば,宇宙の他の内容物の温度が減少したのと同じ法則に従っての結果である.したがって今日の宇宙は,中性子あるいは陽子の温度より多少低いが似たような温度,おそらく約1 K の重力輻射で充たされているべきである.この輻射の検出は,今日の理論物理学によって熟慮することがやっとできるような宇宙の歴史におけるもっとも初期の瞬間を,直接観測することになる.残念なことに,近い将来に重力輻射の1 K 背景を検出する可能性はまったくないように思われる.

きわめて憶測的な理論を存分に使って,われわれは宇宙の歴史を無限大の密度の瞬間にまで時間をさかのぼって外挿することができた.しかし私たちには不満が残っている.当然のことながらわれわれは,この瞬間以前には,つまり宇宙が膨張と冷却を始める前にはそこはどうなっていたかを知りたいと思う.

ひとつの可能性は,密度が無限大という状態など本当に

は決してなかったということである．宇宙の現在の膨張は，以前の収縮の時代の終りに，宇宙の密度が非常に高いがある有限値に達したときに始まったかもしれない．この可能性については，次の章で少し述べたい．

　本当であるかどうか私たちにはわからないが，しかし始まりがあったということ，その瞬間以前には時間自身が意味がなかったということは，少なくとも論理的にはありうることである．私たちは温度の絶対零度という考えには慣れている．どんなものでも $-273.15℃$ 以下に冷やすことはできない．それは，難しすぎるとか，充分に巧妙な冷蔵庫を誰も考えた人がいないからというのではなくて，絶対ゼロよりも低い温度はただ意味がないからである——まったく熱がないというより少量の熱をもつことなどできないのである．同じように，私たちは時間の絶対ゼロ——それ以前では原因と結果のいかなる結びつきをたどることも原理的に不可能であるような過去における瞬間——という考えに慣れなくてはいけないのかもしれない．この問題は残されており，いつまでも残されたままかもしれない．

　私にとって，非常に初期の宇宙に関するこれらの憶測から導かれたもっとも満足すべきことは，宇宙の歴史とその論理的構造がたぶん相似しているということである．自然は現在，非常に多様な型の粒子と相互作用を示している．しかもわれわれは，種々の粒子と相互作用を簡単な統一的ゲージ場の理論の様相として見ようとつとめ，この多様性の底を見ることを学んだ．現在の宇宙は非常に冷たいため，

異なる粒子や相互作用の間の対称性は一種の凍結によって不明瞭になってしまっている——対称性は通常の現象においては判然としないが，われわれのゲージ場の理論では数学的に表現されるに違いない．私たちが現在数学によって行なうことは，非常に初期の宇宙において熱によって行なわれたのである——物理現象は自然の本質的な単純さを直接示している．しかし，そのときそれを見た人は誰もいない．

VIII
エピローグ:これからの展望

　宇宙は当分の間,確かに膨張を続ける.その後の運命については,標準モデルはあいまいな予言をする——それはすべて,宇宙の密度がある臨界値よりも小さいか大きいかによるのである.

　第II章で見たように,もし宇宙の密度が臨界密度より小さいと,宇宙は無限に広がっていて永遠に膨張を続ける.われわれの子孫がその時もしいたとすれば,黒色矮星,中性子星,そしておそらくブラックホールなど種々の種類の燃えがらを残して,すべての星において熱核反応がゆっくりと終結するのを見ることになる.惑星は軌道を回りつづけ,重力波を輻射するので少し遅くなりはするが,有限の時間のうちに止まることは決してない.輻射とニュートリノの宇宙背景は,宇宙の大きさに逆比例して温度が下がりつづけるが,見逃すことはないだろう——現在でもわれわれはかろうじて3Kマイクロ波輻射背景を検出できている.

　一方もし宇宙の密度が臨界値より大きいと,宇宙は有限であり,その膨張はついには止まり,加速的な収縮に転ず

ることになる．たとえばかりに宇宙の密度が臨界値の2倍であったとし，また現在一般に受け入れられているハッブル定数の値（100万光年につき毎秒15キロメートル）が正しいとすれば，宇宙の年齢は現在100億年であり，さらに500億年のあいだ膨張を続け，それから収縮しはじめる（69ページの第4図を参照）．収縮はまさに逆向きに進んだ膨張である．500億年の後に宇宙はふたたび現在の大きさになるだろうし，その後さらに100億年たつと密度が無限大の特異状態に近づくだろう．

少なくとも収縮段階の初期には，天文学者たち（もしそこにいれば）は，赤方偏移と青方偏移の両方を観測して楽しむことができる．近くの銀河からの光は，その光が観測されたときより宇宙がもっと大きかったある時点に放たれたものだろうから，観測されるときにはその光はスペクトルで短波長の端つまり青い方へ偏移している．一方非常に遠い天体からの光は，宇宙がまだ膨張の初期の段階にあったときに，光が観測されたときとくらべてさえまだ小さかったときに放たれたのだろうから，光が観測されたときには，スペクトルの長波長の端すなわち赤い方へと偏移されて現われる．

宇宙が膨張して後に収縮すれば，フォトンとニュートリノの宇宙背景の温度は，つねに宇宙の大きさに逆比例して下がり，後に上昇する．もし現在の宇宙密度が臨界値の2倍であるならば，もっとも大きく膨張したときの宇宙は現在の大きさのちょうど2倍であることが計算からわかり，

そのときのマイクロ波背景の温度は3Kという現在の値のちょうど半分，すなわち約1.5Kである．その後宇宙が収縮しはじめると，温度は上昇を始める．

最初はなんの心配もない——何十億年ものあいだ輻射背景は非常に冷たいので，検出するのに大変であろう．しかし宇宙が現在の大きさの100分の1にまで収縮したときには，輻射背景は空で支配的となりはじめる——夜の空は現在の日中の空と同じくらいの暖かさ（300 K）となる．それから7000万年たつと宇宙はさらに10分の1にまで収縮し，私たちの後継者たち（もしいれば）の空は耐えられないほどに明るくなるだろう．惑星や恒星大気そして星間空間の分子は構成原子に解離しはじめ，原子は自由な電子と原子核に壊れるだろう．さらに70万年たつと，宇宙の温度は1000万度になるだろう．やがて恒星や惑星自身も宇宙輻射のスープ，電子，そして原子核に分解する．さらに22日たつと温度は100億度に上がる．こうなると原子核は，恒星での原子核合成や宇宙論的原子核合成のすべての仕事を元に還して，構成している陽子と中性子に分解しはじめる．その直後に，フォトン－フォトンの衝突によって電子と陽電子が非常に多数生成され，ニュートリノと反ニュートリノの宇宙背景が宇宙の他の成分とふたたび熱的に交渉するようになる．

私たちはこの哀れな話をおしまいまでずっと，無限大の温度と密度の状態にまで本当に続けられるだろうか？　温度が10億度に達してからおよそ3分の後に，本当に時間

が止まるのだろうか？　もちろん，確かなことはいえない．最後の 1/100 秒を見つめようとすると，最初の 1/100 秒を探ろうとして前の章でぶつかったすべての不明確さが，ふたたび私たちを当惑させる．結局，1 兆度の 1 兆倍の 1 億倍（10^{32} K）より高い温度については，全宇宙を量子力学の言葉で記述しなくてはならないし，それからどんなことが起こるかについては誰もまったくアイデアをもっていない．また宇宙がもし等方で一様でないならば（第V章の最後を参照），われわれが量子宇宙論の問題に直面するよりずっと以前に，私たちの話はすっかり通用しなくなっているかもしれない．

　宇宙論研究者のなかには，このような不確定さから一種の希望を引き出す人もいる．宇宙は一種の宇宙的"はね返り"をして，ふたたび膨張を始めることになるかもしれない．『新エッダ』では，ラグノラックで神々と巨人たちが最後の戦いを終わった後に，地球は火と水で破壊されたが水は退き，トール（雷神）の息子たちは地獄から父の斧を手に上がってきて，全世界はもう一度初めからやり直す．しかし，宇宙がもしふたたび膨張を始めれば，その膨張はふたたび遅くなって止まり，ふたたび収縮をして同じ宇宙のラグノラックで終息し，はね返り，こうして永遠に続く．

　もしこれが私たちの未来であるならば，それはたぶん私たちの過去でもある．現在の膨張宇宙はこの前の収縮のはね返りに続く段階にすぎないことになる．（実際宇宙マイクロ波輻射背景についての 1965 年の論文において，ディッ

ケ，ピーブルス，ロール，そしてウィルキンソンは宇宙の膨張と収縮の完全な相が以前にあったと仮定し，この前の相において形成された重い元素を壊してしまうために，少なくとも 100 億度の温度になるのに充分なところまで宇宙は収縮したに違いないと論じた．）さらに過去を振り返ると，無限の過去に向かって延びており，始まりのない，膨張と収縮の終りのないくり返しを想像することができる．

　一部の宇宙論研究者は，定常モデルと同様にたくみに"創世記"の問題を回避するということからとくに，このような振動モデルに哲学的にひかれている．しかしそれは，ひとつの厳しい理論的な困難に直面する．各サイクルにおいて，宇宙が膨張し収縮するにつれて一種の摩擦（"容積粘性"と呼ばれている）によって，フォトンと核子の比（もっと正確には核子あたりのエントロピー）はわずかに増大する．私たちの知識によると，宇宙は各サイクルをフォトンと核子のやや大きい新しい比率をもって出発する．現在この比は大きいが無限に大きくはないから，宇宙がこれまで無限のサイクルをいかにくり返してきたかを理解することは難しい．

　しかしこれらすべての問題は解決するかもしれないし，どの宇宙モデルが正しいということになっても，そのいずれにもそれほどの慰めはない．私たちが宇宙になにか特別な関係をもっているということ，人間の生命が多かれ少なかれ最初の 3 分間にまで立ち戻れるような一連の偶然による茶番めいた結果にすぎないものではなくて，私たちは最初からともかくも組み入れられていたものであるというこ

とは，人間にとって信じないわけにはゆかない．私はたまたまいまサンフランシスコからボストンに帰る途中，ワイオミングの上空約 3 万フィートを飛ぶ飛行機のなかでこれを書いている．窓の下で地球は，非常に柔らかく心地よさそうに見える——綿毛のような雲があちこちにあり，日が沈むなかで雪はピンクに変わり，道路はひとつの町から次の町へと田園のなかを真直ぐに延びている．これがすべて，圧倒的に敵意に充ちた宇宙の小さな一部にすぎないと実感することは非常に難しい．この現在の宇宙が言語に絶するほど未知の初期の条件から進化したものであり，限りないほどの冷たさ，あるいは耐えられないほどの熱のなかにいつかは消えてゆく運命にあると実感するのは，さらに困難である．宇宙が理解できるように見えてくればくるほど，それはまた無意味なことに思えてくる．

　しかし，もし私たちの研究の成果に慰めがないとしても，研究そのもののなかに少なくともある慰めがある．人間は神々と巨人たちの物語で自らを慰めることや，自分たちの考えを日常の生活のなかに閉じこめることでは満足しない——人間は望遠鏡や人工衛星や加速器をつくり，自分たちが集めたデータの意味を解こうとしていつまでも机の前にすわりこんでいる．宇宙を理解しようとする努力は，人間の生活を道化芝居の水準からほんの少し引き上げ，それに悲劇の優雅さをわずかに添える非常に数少ないことのひとつである．

原著者追補 1
1976 年以降の宇宙論

　この本の出版社から,その後の研究の進展を書き加える機会を与えられ,大変うれしく思っている.

　1976 年にこの本を書いて以来,話の大筋を変えるようなことは,何も起きていない.銀河がお互いに急速に遠ざかりつつあるという意味で,宇宙は膨張しているという考えはなお変わっていない.また,1965 年に発見された宇宙輻射背景は,開闢からおよそ 70 万年たち,温度が約 3000 K まで下がった宇宙から取り残された熱的な"黒体"輻射が,宇宙の膨張につれて赤方偏移したものであるという考えも変わってはいない.さらに,星々が最初に形成された軽い元素のガス——75 パーセントの水素,25 パーセントのヘリウム,そして微量の重水素,リチウム等——は,宇宙が少なくとも現在のような膨張の段階に入ってから,約 3 分経過した頃に原子核反応で形成されたという考えも,なお支持されている.

　1976 年以来の観測面における宇宙論の進展は,この本で述べた物語になお残されているみぞと不確かさを埋める方

向に向かっていた．理論の面では，素粒子理論における最近の成果を，原子核の合成が行なわれた10億度などよりも桁外れに宇宙が高温度であった，きわめて初期の宇宙に活発に応用されてきている．私はここで，観測と理論の両面での1976年以来の宇宙論の進展をごくかいつまんで述べることにする．

天文学者はこれまでにも増して高い精度で，宇宙マイクロ波輻射背景を研究しつづけている．波長が非常に短い部分で黒体分布からのずれが時おり報告されているが，輻射背景が，輻射と物質が熱平衡にあった初期の宇宙から取り残された熱輻射が赤方偏移したものだという，一般に受け入れられている考えに疑いをはさむ確かな証拠は何もない．

輻射背景の方向による分布も精力的に研究されつづけてきた．得られた結果は，もっと印象的である．U2機を使って行なわれたバークレー・グループの測定では，われわれの太陽系が輻射背景に対して高速度で運動しているとすれば正に予期されるような，わずかな異方性を発見した——われわれが向かっている方向ではやや高い温度を，そして反対の方向では低い温度という異方性を見つけた＊．

＊ この本のなかで私は，地球を回る衛星からの測定によるのでなければ，この種の測定は難しいのではないかと述べた．運がよかったことに，U2機に載せた装置は，上方を向くことも下方を向くこともできた．U2機での観測は，今ではバルーンからの測定によって確認され，精密にされた．

銀河系の回転による太陽系の運動を考慮すると，われわれの銀河系は輻射背景に対して毎秒約 400 キロメートルの速さで，大きな銀河集団であるおとめ座銀河団の方向にほぼ向かって運動していると結論することができる．同じことは別な方法でも結論される．比較的に近い銀河の赤方偏移についての系統的な研究から，どんな距離においても赤方偏移は，おとめ座銀河団の方向では反対方向よりも小さくなる傾向が見られ，われわれがおとめ座銀河団の方向に毎秒 300〜400 キロメートルの速度で運動していれば理解できるのである．

　これはかなり速い速度であり，典型的な銀河の速度とされる毎秒 100 キロメートル程度よりかなり大きい．（われわれがいま取りあげているのは宇宙の膨張に伴う大きな速度ではなく，宇宙論的なこの動きから外れた"特異"な速度と呼ばれるものである．）銀河系が大きな特異速度をもつという描像は，テキサス大学の G. ドゥ・ヴォークルールが長年にわたって強く主張してきたものであるが，赤方偏移の研究によるのと同様に宇宙輻射背景の非等方性によってもいまや実証されたように思われる．

　われわれの銀河系の運動についてのこのような見解から導かれることの 1 つとして，ハッブル定数の推定が変わる．ハッブル定数の推定に用いられる銀河の多くは，大ざっぱにおとめ座銀河団の方向にある．それで，もしわれわれが実際にこの銀河団の方向に運動しているなら，宇宙の膨張によるこれらの銀河の後退速度は，観測された赤方偏移か

ら導かれる速度よりも大きいに違いない．そしてもっと重要なことは，銀河系外の距離決定の精度をいっそうよくすることである．ハッブル定数の値を，100万光年につき毎秒15キロメートルというこれまでの値ではなく，たとえば毎秒30キロメートルというような，やや大きな値と推定することができる．しかし，この結論は一般には受け入れられていない．

銀河系の特異速度が大きいことから暗示される別なことは，おとめ座銀河団には，これまで一般に考えられていたよりずっと多くの質量があるに違いないということである．銀河系が形成されてからの時間内に，これだけの高速度にまで銀河系を加速するだけの重力場をつくるには，現在考えられているよりずっと大きな質量が必要なのである．銀河の質量がこれまで考えられていたより大きいことの証拠は，個々の銀河の研究からも得られている．ワシントンのカーネギー研究所のV.ルービンをはじめとする研究者は，銀河の回転速度が，銀河中心からの距離が増しても（太陽系の惑星の公転速度のように）小さくならないことを発見した．銀河の質量がもし明るい中心領域に集中していれば，銀河の回転速度も中心から離れれば小さくなることが予期されるが，測定できる限界まで回転速度が小さくならないことは，明るく輝いていない銀河の外縁部分にも充分多量な物質が存在していることを示唆している．その結果，宇宙の質量密度としてベストと考えられる値は，宇宙を閉じさせて最終的に膨張を止めるのに必要な臨界密度の3分の

1ないし2分の1であり,質量密度が臨界値と同じか,より大きいことさえありうるとされている.

　宇宙の質量密度についてこのような推定がされている一方で,重水素の量の測定によって,バリオン(陽子と中性子)の密度についてもっと厳しい上限がつけられた.この推論の筋道を思い出してほしい.現在のバリオン密度が高ければ高いほど,宇宙の温度が10億度に下がって軽い原子核が合成されはじめた過去の時点におけるバリオン密度もより大きかった.バリオン密度がより大きいということは,中性子と陽子からヘリウム核を合成する核反応がより最終的な段階まで進んだことを意味し,したがって残された重水素はより少ないことになる.現在の宇宙で重水素の存在が比較的多いという観測は,バリオンという形での質量密度が,宇宙を閉じさせるのに必要な臨界値の数パーセント以上ではないことを示唆している.

　こうしてわれわれはパラドックスにおちいる.宇宙の全質量密度が本当に臨界密度の3分の1ないし2分の1であり,バリオンの密度が臨界密度の数パーセントにすぎないなら,それでは宇宙の質量はどんな形をとっているのだろうか?

　この見えない質量は,質量をもつニュートリノの形をとっているのではないかという可能性が最近しだいに注目を集めている.ニュートリノはフォトンと同様に質量をもたない粒子と一般に考えられてきたし,質量をもつという徴候は長年にわたって見られなかった——実際,ニュートリ

ノの質量は電子の1万分の1以下であるという確かな証拠があった．そして現在，質量をもつという徴候が現われ始めている．ノヴォシビルスクでの実験は，トリチウム（3重水素）の放射性崩壊での電子のエネルギー分布に，この崩壊で放出されるニュートリノ（実際には反ニュートリノ）がおよそ10ないし40電子ボルトの質量をもつとしたら予期される種類のゆがみが示されたのである．（比較のために記すと，電子の質量は51万1003電子ボルトである．）この結果の確認のため，あるいはニュートリノ質量の新しい上限値を決めるために，現在実験がいろいろ行なわれている．ニュートリノの質量を確かめることは，天体物理学にとってきわめて重要である．マイクロ波輻射背景の中に今日存在するフォトンと同程度に多数のニュートリノと反ニュートリノが，初期の宇宙から取り残されて存在していると予期されるからである．すなわち，1個の陽子あるいは中性子に対して1億個ないし100億個のニュートリノと反ニュートリノの存在が予期されるのである．したがってニュートリノが10電子ボルトあるいはそれ以上の質量をもつことになると，宇宙の質量密度のほとんどをになうのは，陽子や中性子という核子ではなくてニュートリノだということを意味する．また質量をもつニュートリノは，銀河の中心部分に核子と電子を崩壊させるのに作用した重力以外の力を受けないので，銀河の外縁部や銀河団中に存在するとされる，謎に包まれたダークマターの有力な候補である．（その後でてきた別の可能性は，見えない質量は"フォチー

ノ"——ニュートリノよりずっと重くて数は少ないが,同じような作用をする仮説的粒子——の形をとっているというものである.)

アプリオリにはニュートリノの質量をどう期待するのだろう? レプトン数の保存という保存則があるので,ニュートリノは質量をもたないと以前はいわれてきたし,そのことには第Ⅳ章で簡単にふれた.ニュートリノは運動方向に左にスピンし(すなわち読者の左手の親指を運動する方向に向けたとき,残りの指を曲げた向きにスピンする),レプトン数は $+1$ である.反ニュートリノは右にスピンし,レプトン数は -1 である.電子は(左,右向きのどちらも)レプトン数が $+1$ で,反粒子の陽電子のレプトン数は -1 である.レプトン数の保存とは,いかなる系においても全レプトン数が変わりえないということである.さて,もしニュートリノが質量をもつとすると,ニュートリノはつねに光速度より小さな速度で運動することになり,左向き,右向きというスピンの区別は絶対的な意味をもたなくなる——充分に速い速度で観測者がニュートリノを追い越したとすると,ニュートリノの見かけの運動の向きは逆転するがスピンの向きは逆転しないので,したがって単に見る向きを変えただけで左向きのニュートリノを右向きのニュートリノに変えてしまう.もしレプトン数が保存されるなら,このようなことは起こりえないはずであり,矛盾を避けるためには,ニュートリノは質量をもたなくて,観測者がニュートリノより速く運動することはありえないと考えないわけにはい

かない*.

> * この議論は電子には当てはまらない．電子も反粒子の陽電子も左右どちらのスピンをももつからである．もしニュートリノもそうであるならば，レプトン保存則を破ることなく質量をもつことができる．

レプトン数の保存については，（レプトン数が保存しない種々な過程が起こる割合について，またニュートリノの質量について，それぞれ説得力のある限界があるなど）実際たくさんの証拠があり，一方保存されないという確かな証拠はない．それならば，もしレプトン数が厳密に保存しないなら，きわめて良い近似でそれが保存されているのはなぜなのだろうか？　レプトン数が厳密に保存するかどうかについてわれわれが議論できるようになったのは，この問題にきちんと答えるのに必要な，素粒子の相互作用についての理解が進んだことにもよっている．

素粒子の相互作用についての現在の理論では，存在する粒子のタイプがわれわれがすでに知っているものだけであるならば，レプトン保存則はたまたま自動的に成り立つことになる——そのような現在の理論は，他の保存則や対称原理によって非常にきっちりとしばられているので，理論をよほど複雑にしなければレプトン保存則を破るようにはできない*.

> * 専門家には，ここで指摘しているのはくりこみ可能といわれる場の理論というべきであろう．

もし別なタイプの粒子が存在すると，レプトン数の保存が破られることはありうる．しかし，そういう変わった粒子は非常に重いに違いないし（さもなければ粒子は検出されていただろう），それらの粒子によって生じるレプトン数の破れはしたがって弱い．こうしてわれわれはいまや，質量をゼロにする厳密な保存則にたよることなく，ニュートリノ質量のような量がなぜ非常に小さいかを無理なく理解できる理論的な枠組みを手にしたことになる．

同じことは，別な保存則であるバリオン数の保存にも適用でき，この方は宇宙論にとって潜在的にたいへん重要である．第Ⅳ章で述べたように，ある系のバリオン数は陽子と中性子（およびハイペロンと呼ばれる関連したある種の粒子）の総数から，その系に含まれるそれらの反粒子（反陽子，反中性子，反ハイペロン）の数を引いたものである．バリオン数の保存はもともと，通常の物質の寿命が非常に長いことを説明するために提案された．たとえば，すべての原子の原子核中の陽子は，エネルギー，運動量，そして電荷が保存すれば，陽電子とフォトンに崩壊することが許されるだろうが，われわれは実験的に，これら陽子の平均寿命が宇宙の年齢よりずっと長いことを知っている．バリオン数の保存は陽子の崩壊を禁止し（陽子のバリオン数は +1 で，最終状態の陽電子とフォトンのバリオン数はゼロ），観測されている物質の安定性を"説明する"ということになる．

レプトン数の保存の場合と同様に，存在する粒子のタイプはわれわれが知っているものだけだという前提のもとに，

素粒子の相互作用についてのわれわれの現在の理論によると、バリオン数の保存は必然的である。まだ検出されていない重い変わった粒子がもし存在するとなると、陽子の崩壊のようなバリオン数非保存の過程が可能となるが、これらの粒子の大きな質量によって崩壊のような過程が起こる割合は抑制される。観測されているような陽子の安定性を説明するためには、そのような変わった粒子は陽子の約100兆倍より大きな質量をもつと仮定しなければならない。これは途方もなく大きな質量にみえるが、量子重力そしていわゆる"大統一"理論と関係して、こんな大きな、あるいはもっと大きな質量尺度が物理学で重要だと期待する、それなりの理由が実際あるのだ。水や鉄、コンクリートのようなふつうの物質の陽子(および原子核内の中性子)の非常に遅い崩壊を見つけようと、アメリカ合衆国、ヨーロッパ、そしてアジアにおいて現在実験が進められている*。

* 陽子の崩壊についてさらに知りたい読者は、『サイエンティフィック・アメリカン』誌1981年6月号にある私の "The Decay of the Proton"(陽子の崩壊)を参照されたい。

宇宙自身は、バリオン数が保存されないことを積極的に暗示している。われわれに観測できる限りの宇宙の領域にわたって、反物質より物質が余計に存在するようであり、したがってバリオン数は正の密度をもっている。第Ⅲ章の議論にあるように、宇宙マイクロ波輻射背景の温度の測定

と，宇宙の物質密度の推測値とを考え合わせると，今日の宇宙においてはバリオン数とフォトンの比はおよそ1対10億と結論できる．バリオンとフォトンのこの比率は初めに決められたと仮定することはもちろん可能であるが，バリオンが保存しない物理的な過程の結果であると考える方がはるかに魅力的である．（私は1964年にこの道筋での考えを示唆した．また，初期の実験の少なくとも1つで，陽子崩壊を見つけようというストックホルム大学およびノーベル研究所で行なわれた実験は，このような宇宙論的な考えに触発されたものだった．）宇宙が膨張するにつれてバリオン非保存の相互作用の推移を追うことによって，われわれはバリオン数とフォトンの現在の比率を計算できるはずである．

この種の計算は1967年にA.サカロフによって概略が行なわれ，もっと最近になって1978年に吉村太彦によってなされた．吉村の論文に続いて，プリンストン，ハーバード，スタンフォード，そしてCERN（欧州原子核研究センター）のたくさんの理論家が，初期の宇宙におけるバリオンの生成について詳細を明らかにしようと研究を続け，しだいにもっともらしい描像が描けてきた．要点をいうと，非常に重い粒子やその反粒子さえもフォトンと同数存在したような，きわめて超高温度で初期の宇宙から出発しよう．これらの粒子がもし前にふれた"変わった"タイプのもので，それらの相互作用がバリオン（およびレプトン）保存を破れるものならば，全体としてゼロでないバリオン数をも

つ状態に崩壊することができる．しかし，もし崩壊の過程が物質と反物質の間で厳密な対称性に従うものだとすると，これらの粒子の崩壊で生じたバリオン数は，反粒子の崩壊で生じた，符号が逆で等しいバリオン数によって打ち消されてしまう．素粒子の相互作用は物質と反物質の間で完全には対称でないことが1964年に実験的に発見された．しかしこの非対称性は非常に小さく，したがって初期の宇宙で生成されたバリオンとフォトンの比は小さいものである．このことは非常に好都合である．観測されるバリオン－フォトンの比は，10億個のフォトンにつき1個のバリオン程度と，実際非常に小さいからである．しかし残念なことに，理論的にも実験的にもこの比の値はあまりにも不確かなもので，現在のところ上に述べたアイデアを決定的に試すことはできない．

これらのすべては宇宙のきわめて初期，温度が10^{27} K程度において起こったと考えられる．この時刻と前後して，他にも興味深い出来事が起こった．第V章で宇宙の相転移を述べている——膨張し冷えてゆく宇宙の歴史において，液体の水が均質性を失って氷の格子に凍るように，物質は対称性がより低い状態へと自身を転移する瞬間である．第V章でふれたこれらの相転移の1つは，温度が1000兆（10^{15}）Kにまで下がった比較的あとで起こり，弱い相互作用と電磁相互作用を支配した"ゲージ"対称が破れることになった．これよりさらに前，宇宙論的なバリオン生成より少し前にも相転移のあった可能性が非常に大きい．そこ

で，電磁相互作用および弱い相互作用を強い核相互作用と関係づけていたある種の大統一対称性が破れたのである．

これらの相転移には2つの異なる種類がある．"1次"の相転移というのは，水が凍るように潜熱と呼ばれる一定のエネルギーを放って，物質の状態は不連続的に変わる．"2次"の相転移は，臨界値より温度が下がったときの強磁性物質の自発的な磁化のように，物質の状態が滑らかに変わり，潜熱は放たれない．宇宙論における相転移は，状態の変化にはほとんど不連続は見られず，潜熱の放出もきわめてわずかで，2次あるいは弱い1次の相転移であると一般に考えられていた．しかしマサチューセッツ工科大学のA.グースは，大統一対称性が破れる早い段階の相転移が強い1次の転移であったとすると，宇宙論における以前からの多くの問題が解決されることを指摘した．

強い相転移の1つの重要な結果は，0℃という温度以下に冷やされても氷に凍るだけの時間が充分でなかった水のように，物質が間違った相にしばらく留まれるということである．過冷却のこの期間に，初期にあった宇宙のいかなる非均質性や非等方性がならされてしまう機会がある．そのような過冷却の時期がないと，われわれから見て空の正反対の方向の2点でマイクロ波輻射背景が同じ温度であることを理解するのが非常に難しい．この輻射は互いにあまりにも遠く離れた2点から，またきわめて初期の宇宙からわれわれに届いているものであり，したがって過冷却の時期がないと，共通の源からのいかなる信号も，それらの2

点に到達する時間が宇宙の歴史のなかにないからである.

過冷却の期間があったことで,磁気単極子(モノポール)の問題という別の問題も解決される.これは,打ち消す反対極を伴わずに北とか南という孤立した磁極を運ぶ粒子である.モノポールは半世紀以上前にディラックが仮定したものだが,素粒子相互作用の大統一理論では必然的な要素になることがユトレヒトのトフーフトの研究で明らかにされた.その後,ハーバードのJ.プレスキル,ソビエトのクロポフとゼルドヴィッチは,モノポールは宇宙初期の大統一相転移において生成されたが,あまりにたくさん生成されたため,観測的に許されるよりもはるかに多数が現在存在すると指摘した*.グースが指摘したように,過冷却の時期における宇宙の膨張によって,モノポールの密度は観測できる水準まで薄められたのかもしれない.

* モノポールを確実に発見した人はまだいないが,確実らしい候補が1つスタンフォードから報告されている.

最後に,強い1次の相転移において解放された潜熱が,宇宙についてきわめて明白で驚くべき事実の1つ——そこに莫大な素材がつまっていること——を説明できた.たとえば,宇宙のなかにはフォトンが少なくとも10^{87}(1のあとに0が87個)個あることがわかっているが,これは,宇宙が10^{29}倍にも膨脹した過冷却のあとで解放された潜熱によって説明される.残念なことに,宇宙がそのあいだ間違った相に留まっていたのはなぜか,またその状態からどの

ように脱したのか,を理解するのは難しい.

　ごく初期の宇宙についての研究は実際進んでいるが,それは概念的な進展であって,現在の宇宙の観測とはほとんど直接には関係していない.われわれは1982年の現在,われわれの宇宙を充たしている銀河や銀河団などの構造の起源については,本書が書かれた1976年当時とくらべてそれほど理解が進んではいない.夜の空を眺めるとき,大きく弓なりの天の川や微かな光のしみのアンドロメダ星雲はわれわれの無知をあざ笑いつづけている.

(この「原著者追補1」は,原著ペーパーバック初版(1988年刊)に収録されたものである.——文庫編集部)

原著者追補2
1977年以降の宇宙論

『宇宙創成はじめの3分間』の初版が世に出てからの16年の間に,宇宙は13億分の1パーセントほど膨張した.あるいは,ひょっとすると6億5000万分の1パーセントかもしれない.この2つの数字の違いは,宇宙の膨張率が相変わらず定かになっていないことを反映している.第Ⅱ章で論じたように,この率は宇宙論において極めて重要な数的パラメーターのひとつ,ハッブル定数によって表される.われわれから見る距離が増えれば増えるほど,遠方の銀河の速度は増すが,その速度の割合を観測することでハッブル定数は算出される.時が経つにつれて,ハッブル定数を求めるために天文学者たちが要求する精密さは着実に改善されてきたものの,残念なことにその結果は彼らが主張している不確実性以上の違いを今なお示している.いくつかの観測では,1メガパーセック(326万光年)の距離の増加につき毎秒約80キロメートルという値に集中しているが,1メガパーセックにつき毎秒約40キロメートルという値をとる観測もある.宇宙の膨張率について,2倍という不確

実性が残されているのである.

 問題は遠方の銀河の速度を確定することにあるのではない——この速度(後退速度)は,銀河からの光のスペクトル線が長波長の赤い側に偏移すること(赤方偏移)が測定されれば,比較的容易に確かめられるのである.問題は,例によって例のごとく,銀河までの距離を測ることにある.かつては銀河の距離は,同じ型の銀河で見られる最も明るい星とか,最も明るい球状星団とか,あるいはある型の超新星というような,もともときまった固有の明るさをもつと考えられる天体の明るさを測って,それらの固有の明るさと比べて推測していた.見え方がかすかであればあるほど,銀河は遠くにあるわけである.こうした方法は近年では,個々の銀河の固有の明るさと銀河内部の性質(たとえば銀河内の星やガス雲の速度)とを結びつける,銀河全体にかかわる性質を研究することで,ますます補足されてきている.また,超新星の見かけの大きさから,その超新星を含む銀河までの距離が推定されるようにもなってきている.しかしそれにもかかわらず,ハッブル定数のために得られるもろもろの結果は依然として互いに食い違っている.この古典的な問題は,巨大な衛星搭載装置である,ハッブル宇宙望遠鏡を用いた観測によって解決されるだろうと期待されていた.この望遠鏡のおかげで多くの数値がわかったものの,過剰な振動と歪んだ鏡についての周知の問題が,残念ながら銀河の距離を確定する道を阻んでいる.

 こうした困難があるにしても,"ビッグバン"というわれ

われの宇宙についてのスタンダードな描像は，いっそうはっきりと確立されてきた．これはひとつには，宇宙原理を支持するはるかに優れた証拠が，現在豊富にあるということによる．第II章で論じたように，宇宙原理は標準的な宇宙理論の基礎をなす主要な前提となるものである．この前提に従えば，宇宙における物質の分布は，充分大きな距離にわたって平均化されると，一様（つまり，均質で等方的）であるということになる．かつては銀河の分布における"大きな"非一様性——大きな壁や大きな空虚（ボイド），大きなアトラクタ等——がどんどん発見されようとしているものと考えられたこともあった．しかし今や，宇宙における物質の分布は，充分大きな距離，すなわちおよそ秒速4万キロメートルという相対速度に対応する距離にわたって平均化されるならば，現に一様であるように見える．（ハッブル定数の値を1メガパーセックにつき毎秒80キロメートルとすると，この距離は500メガパーセック，つまりおよそ15億光年になる．）500メガパーセックよりもさらに遠方からくる高エネルギーの宇宙X線の強度がどの方向においても同一であるらしいという事実は，宇宙原理を支持するさらなる証拠となるものである．

しかし"ビッグバン"宇宙論をもっとも強く支えるものは，1965年に発見された宇宙マイクロ波輻射背景の観測である．この観測は近年では劇的に改善されている．第III章で論じたように，この宇宙マイクロ波背景が本当に初期の宇宙から取り残された輻射であるならば，その強度が波長

にどのように依存するかは,第7図に示されたような,よく知られた黒体からの輻射と同じ分布則に従うはずである.1965年以来,第7図に示されている黒体分布の厳密な分布則からの逸脱が時折報告されたが,そういう変則的な事例が真に宇宙論的なものであるか,あるいはただ地球の大気からの輻射の影響によるものなのか,それはだれにもわからなかった.時に1989年11月18日,宇宙背景輻射探査機(COBE)がデルタロケットによって大気圏外の軌道に打ち上げられた.(『宇宙創成はじめの3分間』が1977年に刊行されようとしていたまさにそのとき,宇宙背景探索衛星ニュースレター1号を受け取ったことを私は第Ⅲ章で述べた.計画は12年がかりだったが,待つだけの価値のあるものだった.)探査機の打ち上げから8分後,搭載されたマイクロ波輻射測定機は,1000分の1よりもよいレベルで,さまざまな波長の宇宙マイクロ波背景が2.735K(絶対零度より2.735℃だけ高い)の黒体分布と一致することを観測した.過去20年の間に時折報告された小さな逸脱は,どう見ても存在しなかった.今や理論と実験とがたいへんよく一致しており,われわれはこの輻射が実際に"ビッグバン"の約100万年後,宇宙が輻射に対して初めて透明になろうとしたその時から取り残されたものであるということに確信をもつことができる.

COBEに搭載されたマイクロ波輻射測定機は,もともとマイクロ波背景の発見に"冷たい負荷"が用いられたように(第Ⅶ章参照),輻射温度の計測値を厳密なものにするの

に液体ヘリウムを使っていた．ところが COBE の液体ヘリウムはすぐに気化してしまったため，マイクロ波背景の温度にかんするわれわれの知識が COBE による計測によってこれ以上改善される見込みはない．しかし，空のさまざまな方向からわれわれのもとへ来る輻射温度の差異を計測するには，液体ヘリウムを必要とはしない．この計測はヘリウムがなくなった後も COBE で続けられた．

実際のところ，マイクロ波輻射温度が空の方向によって様々であるという観測は，温度の計測そのもの以上に興奮を引き起こした．1960 年代に行なわれた地表からの初期の計測では，輻射温度はほぼ一定であった——これは，この輻射が地球やわれわれの銀河からではなく宇宙全体から来るものであるということを示す手がかりのひとつとなった．その後 1977 年には，バークリーのグループが U2 航空機を使ってわずかな非等方性を発見した．この非等方性は，輻射背景——われわれが遠ざかる方向においては若干低い温度で，近づく方向においては高い温度である——に比例して秒速数百キロメートルの速度でわれわれの太陽系が動いていると仮定した場合に期待されるようなものである．しかしながら，輻射そのものに固有の非等方性はまったく発見されなかった．

このことは時がたつにつれて悩みの種となり始めた．結局のところ，宇宙は完全に滑らかな流体などではなく，こぶのような銀河や銀河団に満ちているのである．このように重力に束縛された構造は，宇宙が初めて透明になろうと

したときに現れた，今よりも束縛の弱い構造に由来する重力の影響のもとに生じてきたものであろう．そして，誕生したばかりの銀河や銀河団のなす重力場が，マイクロ波背景の若干のゆらぎを産み出したのであろう．

最終的に，1992年4月にCOBEの科学者たちはマイクロ波輻射背景のわずかな非一様性を突き止めたことを発表した．空の場所によって，この輻射温度は7度から180度までのすべての角度スケールについて平均して3000万分の1Kほどの差異がある．マイクロ波背景のこうしたゆらぎは，宇宙が輻射に対してちょうど透明になりかけたとき，つまり膨張が始まっておよそ100万年後に存在した物質の塊がつくる重力場の影響によって生じたものと考えられる．（しかしある理論家たちは，輻射温度の差異は，さらに前に生じた重力波によって（少なくとも部分的には）引き起こされたものであると提唱した．）しかし，ゆらぎを産み出した集塊というのは，初期の銀河や銀河団ではない——これらはあまりに大きすぎるのである．銀河や銀河団の始まりを観察するには，7度よりも小さい角度スケールでもってマイクロ波背景の差異を計測することが必要であろう．そのような計測は，気球で空中に上げられたり南極に設置されたりしたマイクロ波アンテナを用いて行なわれている．こういう標高の高いところや空気の乾いた所は，地表で観察するにはほぼ理想的な条件なのである．

残念ながら，銀河の形成に関する理論はいまだに曖昧としている．銀河が何からできているのかもまだわかってい

ないのだから,このことは驚くには値しない.銀河の質量のほとんどが明るい星ぼしに含まれているものなら,銀河の質量は非常に明るい中心部分に集中しており,この領域の外側にある星ぼしは,銀河中心からの距離の逆2乗で弱まる重力的な引力を受ける.太陽の重力のもとで公転する惑星と同様である.銀河の場合,銀河中心のまわりを公転する星やガスの速度は,われわれの太陽系における惑星の公転速度と同様に,銀河中心からの距離の平方根に逆比例して遅くなる.しかし渦巻き銀河の観測では,星やガスの公転速度は,ずっと外側にまでわたってほぼ一定なのである.銀河の質量は,明るく輝いている中心部に集中しているのではなく,銀河全体を包む巨大なハローに含まれている,見えない(光を放っていない)"ダーク・マター"として存在していることを示している.

さまざまな形態で宇宙に存在する物質の量を表す場合,"臨界質量"の割合として表すのが便利である.臨界質量というのは,宇宙の膨張を最終的に止め,引き戻すにはぎりぎりのところで足りていないという量である(1メガパーセックにつき毎秒80キロメートルのハッブル定数の場合,臨界質量は1立方センチメートルにつき約10^{-29}グラムである.数学ノート2, 295ページを参照).渦巻き銀河の回転が示唆するのは,銀河が臨界質量の3〜10パーセント以上に相当する質量を含んでいるということであるが,一方で巨大な銀河団中の銀河の動きを観測することで知られる質量と明るさとの比が示すところによると,その銀河が全銀河の典型で

あるならば，銀河にかかわる質量は臨界質量の約10〜30パーセントに寄与していることを示唆している．銀河の運動に関して，赤外線観測衛星が行なった近年の調査によれば，全質量密度は臨界質量の約40パーセントよりも大きいことを示唆している．

"ダーク・マター"はふつうの明るい星ぼしを構成しているような物質ではなく，通常の原子を構成しているような粒子——陽子，中性子，電子——の形態としてさえも存在しているのではないという証拠さえ考えられる．第V章でみたように，"ビッグバン"の初めの数分間に軽元素を生成した核反応は，今挙げた素粒子の数とその時存在していたフォトン（光の粒子）の数との比の影響を受ける．フォトンに対する素粒子の比がもし比較的高ければ，それによって水素からヘリウムへの核反応はほぼ完了するまで進み，デューテリウム（重水素）やリチウムのような，結合の弱い軽元素として存在する物質の量は減るだろう．これらの軽元素は恒星の内部で生成されるとは考えられていないので，その現存在量を計測することで，最初の数分間における素粒子とフォトンとの比を知ることができる．しかしこの比はそれ以来ほぼずっと変わっていないから，われわれは現在の値にかんすることを何らか推測することができ，そしてそれによって（宇宙マイクロ波背景輻射における1立方センチメートル当たりのフォトンの数はわかっているので），現存する素粒子の存在量についても推測することができる．ヘリウムやデューテリウムの存在量に関する初期の

データがリチウム同位体（Li^7）についての重要な情報によって補足されたことで，1980年代にはこの方法はずっと適確なものになった．その結果，1メガパーセックにつき毎秒80キロメートルのハッブル定数の場合は通常物質は臨界質量の2.3〜4パーセントに寄与し，1メガパーセックにつき毎秒40キロメートルのハッブル定数の場合は臨界質量の9〜16パーセントに寄与する，ということをわれわれはちょっとした自信をもって言うことができるのである．

ついでに言うと，初期の宇宙で生成された軽元素の量は，ニュートリノの種類の数にも依存する．つまり，ニュートリノの種類が多いと，宇宙の膨張は早くなり，それゆえヘリウムに転化したもともとの水素の量も多かった，ということである．すでに1970年代には，粒子物理学者たちは3種類のニュートリノが存在するものと憶測しており，"ビッグバン"の核合成をうまく計算できた時には，この前提が利用され，そしてある程度，確証されたのであった．そして，Z^0粒子の崩壊にかんしてジュネーヴのCERNラボラトリーで行われた1990年の実験では，事実ちょうど3種類のニュートリノの存在が決定的に示された．

軽元素の存在量をめぐるこれらの計算や測定は，宇宙の質量密度を確定するという問題を超えた重要性をもっている．単一の自由なパラメーター，ここでは素粒子とフォトンとの比を適切に選ぶことで，通常の水素（H^1）やヘリウム（He^4）だけでなくその同位体であるH^2（デューテリウム），He^3やLi^7の観測された現在の存在量をも説明できるとい

うのは実に印象的である．これは現代の宇宙理論の最も重要な量的成功であるばかりか，最初の数分間にまで立ち戻る宇宙の歴史について，何がしかをわれわれが本当に理解しているということのもっとも強力な証拠ともなるのである．

宇宙に存在する素粒子とフォトンの数の比が第一原理から計算されうるということは，長いあいだ期待されてきた．宇宙はごくごく早い時期には極めて熱く，あらゆる種類の粒子が多量に存在し，またそれらは対応する反粒子とおそらく同じ数だけ存在していた．自然の諸法則が物質と反物質とのあいだでもし完全に対称であるならば，あるいはバリオン数やレプトン数として知られている量がもし厳密に保存されるならば（第IV章参照），われわれの観測とは反対に，粒子と反粒子が今でも同じ数だけ存在することになるだろう．また，事実上すべての陽子，中性子，電子は，反陽子，反中性子，陽電子とともに現在までに対消滅してしまい，フォトンとニュートリノ以外はほとんど何も残ってはいないであろう．しかし素粒子の崩壊にかんする1964年の実験で，自然の諸法則は物質と反物質とのあいだで完全には対称でないことが示された．さらに，素粒子の相互作用についての今の理論は，バリオン数やレプトン数の厳密な保存を乱しうるさまざまなメカニズムをもっている．したがって，初期の宇宙における粒子と反粒子の衝突によって反物質よりも多くの物質が残り，その物質が反物質によって対消滅することなく現在まで残っているということはありうる．（残ったのが反対に反物質であるという可能

性を除外できるかどうか、われわれにはよくわかっていないが、その場合には、反地球上の反物理学者たちはそれを「反物質」ではなく「物質」と当たり前のように呼ぶだろう.) 自然の諸法則において物質と反物質のあいだの対称性が乱されるのは極めてわずかであり、したがってバリオン数とレプトン数はほぼ保存され、フォトンの数に対する残存素粒子の比もまた極めて小さいものと予想される. これは、現在の宇宙におけるこの比の値がおよそ10億分の1から100億分の1であるという観測と一致する.

この比の値をきちんと計算するのは、残念ながらそう簡単なことではない. 上述の考えが初めて盛んに吟味された1970年代後半には、バリオン数とレプトン数の保存が破られたのは、宇宙の温度がおよそ10^{28}（10億の10億倍の10億倍の10倍）Kという、ごく初期の頃であると一般的に考えられていた. しかしもっと最近の研究が示すところによると、宇宙がやがて10^{16}（10億の1000万倍）Kにまで冷えたところで、弱い相互作用と電磁相互作用の理論における微妙な効果が、反物質よりも過剰な物質を作り出したのかもしれない. 電磁相互作用と弱い相互作用にかんする現在の理解に開いている穴が埋められるまでは、このことについて明確な結論に至ることはありそうにない. われわれはテキサスで建設中の超伝導超大型加速器（SSC）やCERNで計画されている大型ハドロン衝突型加速器（LHC）のような新しい加速器から、この種の情報が得られることを願っている.

多くの天文学者や物理学者たちは,宇宙の質量密度はちょうど臨界値と同じなのではないだろうかと何十年もの間考えてきた.議論は本質的なところで審美眼にかかわるものである.宇宙が膨張すると,臨界値に対する質量密度の比は時間によって変化するが,いずれにせよほぼ 100 パーセントの状態から出発し,もし初めが 100 パーセントよりも小さければそこから減少し,100 パーセントよりも大きければ増加する.しかし,"ビッグバン"から数十億年と経た現在,計測される質量密度は依然として臨界値の 10 倍以内にとどまっている.このことは,始まりに近い時点(例えばはじめの数秒間)の質量密度が信じられないほどにまで臨界値に近くない限り,起こりえない.質量密度が常に臨界値と等しかったのでなければ,なぜ質量密度がそのような値をとるのか理解するのは難しいように思われる.

宇宙の物質密度が臨界密度であるかどうかを確かめるひとつの方法は,宇宙の膨張が減速している割合を測定することである.これは原理的には,遠方の銀河が距離とともにどれだけ後退速度を増すかを観測するという,ハッブル定数の測定(第 5 図参照)と同じ方法で行うことができる.ここでの問題は,半世紀以上にわたり問題となってきたことと同じである.すなわち,われわれが現在目にしている光が放たれてからずっと宇宙の膨張率が減少してきたという,それほどにまで遠方にある銀河の研究をしなければ,宇宙の膨張の減速は観測できないのである.しかし,われわれは非常に遠くにあるこれらの銀河のはるか昔の姿を現

在見ているわけだから，それら銀河の固有の明るさは，より近くに存在する銀河の研究から推測されるところからだいぶ違っていたかもしれない．このように距離を推定するのに見かけの明るさを用いることができないのである．しかしながら，銀河の物理的な大きさは明るさよりも進化が遅く，それゆえ見かけの大きさを観測することで，見かけの明るさで測るよりも信頼の置ける距離の値が得られるかもしれない．1992年に行われたこの種の調査では，宇宙の物質密度が実際に臨界質量密度と等しい場合に期待されるところと近い比率で宇宙の膨張が減速しているということが示された．

　宇宙の質量がもし実際に臨界値に等しいならば，最初の数分間における軽い元素の形成にかんする計算と，これらの軽い元素の現在の存在量についての観測との一致を乱すことなく宇宙の質量が通常物質の形態をとるということはありえないだろう．事実，宇宙の質量が臨界値に等しいにしろそうでないにしろ，その値は"ビッグバン"の核合成を計算することで許容される通常物質の最大値よりもおそらく大きいのである．だとすれば宇宙の質量は何から成り立っているのだろうか？　極めて軽いけれどもまったく質量がないわけではないニュートリノの中にミッシング・マス（欠けている質量）があるという推測が，1970年代から80年代にかけて幅広くあった．第IV章で論じたように，ニュートリノは現在フォトンとほぼ同じくらい多量に存在しており，ニュートリノが約20電子ボルトの質量（つまり電

子のおよそ4000万分の1の質量)をもつとすれば,それが全臨界質量を満たすということが容易に計算される.しかし原子核のベータ崩壊にかんする最近の実験は,ニュートリノの質量は,ゼロでないにしても,もっとずっと小さいものであることを示唆している.

ミッシング・マスはまた,推定20電子ボルトというこのニュートリノよりも重いけれども存在量は少ないというような粒子のなかにあるのかもしれない.非常に高温だった初期の頃には,いかなる種類の(どれほど重い)粒子でも,対応する反粒子とともに多量に存在しただろう.宇宙が膨張して冷えるにつれて,もっとも重い粒子と反粒子は対消滅し,ついには互いに対消滅し合うことがもはやなくなるほどに数が少なくなっただろう.対消滅せずに残った粒子や反粒子は,もし安定であれば現在まで残っているはずである.どんな種類の粒子でも,その質量と反粒子との対消滅の割合がわかれば,これらの粒子と反粒子が現在どれだけ存在しているかということや,現在の宇宙の質量にそれらがどれほど寄与しているかということが計算できる.近年,粒子物理学者たちの間ではこの種のさまざまな重粒子についての推測がされている.目下のところミッシング・マスについてもっとも心を惹かれる可能性は,10〜1万個の陽子の質量に相当し,かつ対消滅率の低い,フォティーノやニュートラリーノとして知られる安定な粒子から成るというものである.低い対消滅率は,超対称性と呼ばれる,素粒子について仮定された対称性から求められるのである.

高感度の検出器の中でそれらの素粒子が原子と衝突することで生じる影響を探し出すことで,その存在を見つけようという実験が現在進行中である.そういう新種の重粒子は,仮に存在するとして,SSCやLHCのような充分強力な新しい加速器によって作り出されるということもまたありうるように思われる.SSCやLHCでこれらの粒子を発見すれば,素粒子物理学にとっても宇宙論においても,革命的な足跡を残すことになるだろう.

よく知られたミッシング・マスのもうひとつの候補についてもふれておこう——その候補は,粒子物理学のある問題を解決するために1977年に仮説として登場した,アキシオンの名で知られる粒子である.フォトンやニュートリノよりも桁外れに多数のものが"ビッグバン"によって取り残され,その質量がおよそ1電子ボルトの10万分の1程度であれば,臨界質量密度を満たすものとされる.実験家たちは宇宙空間のアキシオンを探索する計画を立てているが,実際に存在するという実験的な証拠は今のところない.

しかし,ミッシング・マスの候補がもうひとつある.それは空の空間そのものの性質にかかわる.場の量子論であればいかなる種類であれ,真空は電磁場やその他の場において,連続的な量子ゆらぎから莫大なエネルギーを受けとる.一般相対論によるとこの真空エネルギーは,何もない空間に一様に広がる質量密度によって作り出されるのと同等な重力場を作り出す.われわれは実際にはこの真空質量密度を計算することはできない.というのはわれわれの計

算によれば,最大の寄与は極めてサイズの小さいゆらぎから生じるということであり,そのように小さな尺度では,重力についてのわれわれの現在の理論は頼りないものになるからである.大きさが充分に大きく,既知の諸理論が充分信頼できるほどのゆらぎだけを任意に考慮に入れるとすると,真空質量密度は宇宙の膨張を観察することによって許容される最大値(臨界値のおよそ2〜3倍)よりも大きいことになる.この密度は約120桁のオーダーの因子:100万×100万×…×100万(100万を20回)倍だけ大きいことになるだろう.もしこの計算をまじめに受けとめるならば,科学の歴史における理論と実験の量的不一致の中でも,これは間違いなくもっとも印象的なものだろう!

量子ゆらぎによって生じる真空質量密度は,1917年にアインシュタインが彼の場の方程式に導入した宇宙論的定数項(第II章で論じた)と同じように振舞う.アインシュタインは静的な宇宙モデルを構築しようとしたが,後になって宇宙が膨張していることが明らかになると,彼は宇宙定数を導入したことを後悔するようになった.とはいえ,この項は依然として論理的にはありうるものだった.実際宇宙定数は,あらゆる座標系の同等性にかんしてアインシュタインが基礎にしていた仮定を侵すことなしに重力場方程式に付け加えることのできる,(宇宙論的な距離においては重要性を失う項を別にすれば)ただひとつの項なのである.宇宙定数項が必要でないと言うだけでは充分ではない.場の量子論について過去半世紀以上にわたってわれわれが経験

してきたことは，場の方程式における項は，根本的な原理によって禁じられているのでなければどんなものでも存在しうるということである．

莫大な真空質量密度の問題と，場の方程式の中に宇宙定数を入れるか否かという問題は，相互に答えを引き出すかもしれない．つまり，量子ゆらぎによって産み出される真空質量密度の効果をちょうど打ち消す値をもつ宇宙定数が，場の方程式の中に含まれているかもしれないということである．しかし天文学的観測との衝突を避けるためには，この打消しは少なくとも小数第120位まで正確でなければならない．いったい，宇宙定数はなぜそんなに正確にきまっているのだろう．

理論物理学者たちは，数十年にわたってこの問題と格闘してきたものの，大した成功は見られなかった．自然界のある定数は，基本原理によって，他の自然定数を用いて規定される．そのひとつの例がリュードベリ定数である．この定数はさまざまな状態をとる水素原子のエネルギーを与えるもので，電子の質量と電荷，および量子力学のプランク定数とから計算される．しかし宇宙定数を定める原理については，誰にも何もわかっていない．1983年と84年には，宇宙定数の問題と真空質量密度の問題が量子宇宙論の文脈の中で解決されるかもしれないという可能性に興奮が沸き起こった．計算結果が示したところでは，（おそらく）宇宙定数のような基本原理によって自然のいかなる定数がきめられなくても，宇宙はおそらく自然定数が定まった値

をもつような状態にあるわけではない,ということであった.むしろ宇宙は,これらの定数に対して相異なる値をとる項をいくつも含む量子力学的波動関数によって記述されるように思われる.人間は(人間以外でも構わないが)観測を始めるやいなや,自然界のある定数がある確定値をとる状態にあるのだというふうに思い込む.しかしどんな値を見出すかを予測することはできず,ただその値をとる確率しかわからないのである.以前の計算によると,宇宙が充分大きくなって冷えてから,宇宙定数がちょうど真空エネルギー密度を打ち消すところでこの確率は明確に頂点に達する.しかしこの結果には異議申し立てが付くようになった.量子力学を宇宙全体に適用する方法がもっとよくわからない限り,議論は収まらないだろう.

このエピソードはわれわれに有益な教訓を残してくれている.宇宙定数のような定数の確率分布がたとえ明確な頂点を描かないにしても,これらの定数の固有値を発見できるかどうかを決定する何らかの確率分布がある,と仮定することは不合理ではない.この分布がどのような形を描くにせよ,知性をもった観測者によって発見されるかもしれないこれらの定数は,限られた範囲の値しかもっていない.というのも,生命と知性の誕生と発達を許容する定数の値は限られた範囲しかもたないからである.この着想——自然界の定数は生命と知性の誕生を許容するものでなければならない——は,人間原理という名で知られている.科学者たちの間ではこの原理は一般的にはなっていないが,量

子宇宙論の文脈の中では，これはごく当たり前の常識となるものである．宇宙が自然界の"定数"が異なる値をとるような諸々の相を経ていたり，あるいは，そのような遠方を含んでいたりする場合もまた，人間原理的な理由付けは正当化されるであろう．

こうした人間原理的議論は，真空質量密度自体や宇宙定数自体に関係することはなく，宇宙定数と同等の寄与を含む真空の正味の質量密度にただ関係するだけである．宇宙の重力場の源としての役割を果たすのは，（通常物質とともに）まさしく正味の真空質量密度なのである．具体的に言えば，もし宇宙の正味の真空質量密度が現在の臨界質量密度よりもはるかに大きく，かりに負であるならば，宇宙が辿る膨張と収縮のサイクルは極めて早く，星が形成される時間もないであろう．生命や知性については言うまでもあるまい．もし正味の真空質量密度が現在の臨界質量密度よりもはるかに大きく，かりに正であるならば，宇宙の膨張は永久に続くことになろう．しかし，初期の宇宙で形成された物質塊はいずれも，長距離間に働く反発力によってばらばらになってしまい，それゆえ銀河や星は産まれず，生命が誕生する場はなくなるだろう．このように，正味の真空質量密度がなぜ現在の臨界密度よりもそれほど大きくないかということを，人間原理によって説明できるかもしれない．

この手の推論にとって実に魅力的なのは，もし人間原理が妥当であれば，正味の真空質量密度がゼロになることも，

あるいは現在の臨界密度よりも小さくなることさえも要求しない,ということである.宇宙の大きさが現在の6分の1であった頃から,重力のこぶがすでに形成され始めていたということが(遠方のクエーサーの赤方偏移から)わかっている.このとき,通常の物質の密度は現在の密度の6^3倍,つまり216倍であった.このように,もし正味の真空質量密度が通常物質についての現在の宇宙の密度より少なくとも約100倍も大きいのでなければ,それが重力による凝集物の形成に影響を及ぼすということはなかったであろう.真空質量密度がもっと小さければ,時間が経ってから生じた銀河の形成の干渉を受けたかもしれないが,正味の真空質量密度が通常物質の現在の密度の10〜20倍ほどあるならば,銀河の形成のために充分な時間を残しただろう.それゆえ人間原理は,正の正味の真空質量密度が現在の物質(銀河や銀河団に存在するすべての暗黒物質を含む)の質量密度の10倍も20倍も小さいのはなぜなのかということの理由を示しはしない.臨界質量の80〜90パーセントが真空から生じ,残りがなんらかの通常物質(そのほとんどは暗黒物質)からできているなどということがありうるだろうか?

これは幸運にも天文学的観測によって決着の付けられる問題である.通常の物質の質量密度と,量子真空のゆらぎと宇宙定数の両方,あるいはその一方から生じる質量密度,この2つの質量密度の間には重大な違いがある.すなわち,宇宙が膨張するにしたがって通常の物質の密度はどんどん減少したが,その一方で,真空質量密度はずっと一定であっ

た．このことによって，はるか遠方を見たときにわれわれに見えるもののうちに大きな差異が生じ，通常の物質から成る臨界密度と正味の真空質量密度から生じる臨界密度とを区別するためにその差異を用いることができるのである．

巨大な真空質量密度に有利な論点のひとつとして，それがハッブル定数の測定と星の年齢との間に潜在的に存在する不一致を解決するのに一役買うだろう，ということがある．通常の物質によって形成された臨界密度をもつ宇宙においては，宇宙の年齢はハッブル定数に逆比例する．つまり，1メガパーセックにつき毎秒80キロメートルのハッブル定数に対しては宇宙の年齢は80億年になり，1メガパーセックにつき毎秒40キロメートルのハッブル定数に対しては160億年になる．しかし，球状星団の星で観測される色や明るさと，恒星の進化をコンピュータで計算した結果とを比較すると，恒星の年齢は120～180億年であることがわかる．また，さまざまな放射性同位体の存在量についての研究によっても，われわれの銀河系は誕生してから少なくとも100億年は経っているのである．もしもハッブル定数が現在示されている範囲の最高値に近いことがわかれば，もっとも古い恒星よりも宇宙は新しいというパラドックスに直面することになる．しかし，宇宙の質量密度の大部分が真空質量密度から生ずるものと仮定すれば，宇宙の密度は昔は低かったことになるだろう．その結果膨張はもっとゆっくりであったし，また与えられた任意のハッブル定数について宇宙の年齢はもっと古い——つまり，古い恒

星の年齢との間に生ずる矛盾を解消できるほどに古いということになるだろう.

真空質量密度が大きいということは,いろいろな赤方偏移をもつ銀河,あるいはいろいろな見かけの明るさを示す銀河,あるいは重力レンズとして作用する銀河(自分自身のもつ重力場が,より遠方にある天体からの光を同じ視線に沿って焦点に集める銀河)の計数,さらに赤方偏移による銀河の見かけの大きさの変化,などなどにも影響を及ぼすであろう.現在のところその証拠は,宇宙の質量密度に対して真空質量密度が大きな寄与をすることには対立するように見えるけれども,確信をもつにはあまりに時期尚早である.正味の真空質量密度がもし本当に現在の通常の物質の密度よりずっと小さいことが確証されるのであれば,宇宙定数の数値についての人間原理的な説明は支持できないものになるだろう.正味の真空質量密度がなぜそれほどにまで小さいのかということの人間原理的な理由はないのである.

膨張を続けるわれわれの宇宙の現時点において,正味の真空質量密度がどのようなものであろうと,かつてはそれがとても大きかった時期があったということを信じる強力な理由がある.その理由とは,(第Ⅶ章で論じたように)温度が0℃を下回る過程での水の氷結に見られるように,一度ならず発生した宇宙規模の相転移を通じて,宇宙が膨張し,冷えたということである.これらの転移において,"空虚な"空間に広がるさまざまな場は突如として値を変え,結果的にエネルギー密度やそれと等価な真空の質量密度の偏

移をもたらす．場がもしただちに平衡値に達しないならば，真空は宇宙を急速な膨張へ至らしめる過剰なエネルギー密度をもつことになろう．

　理論家たちがこのような相転移に強い関心をもつようになったのは1980年代の初めの頃である．"インフレーション"という名で知られる上述の急速な膨張が，数多くの顕著な宇宙論的問題を解決するだろうとこの時期に指摘された．ひとつには1970年代後半から，初期の相転移によって単独に分離された磁極が——現在の宇宙におけるこれら"モノポール"の数の観測的な上限に反して——多数作り出されたであろうということが知られていたのである．インフレーションはモノポールの数を観測上の限界値以下にまで問題なく減らすだろう．もっと重要なことは，インフレーション宇宙論は，観測されたマイクロ波輻射背景の一様性から生ずるパラドックスをも解決する（あるいは少なくとも軽減する）ということである．互いに約2度以上離れている空の点からわれわれのところへ到達する任意の2つの光線が，宇宙の年齢が100万年の時には，光速以下のいかなる信号も，一方の光源から他方の光源へ伝わる時間がなかったほどに遠く隔たった光源から放たれたものでなければならない．しかしその場合，すべての方向において観測されるマイクロ波輻射背景の強度がほぼ均等であるのは，どのような物理的機構によるのだろうか？　マイクロ波輻射の温度が7度より大きい角度スケールについてはほぼ一様である——COBE（宇宙背景輻射観測衛星）による観測で

一様性からの逸脱をわずかでも発見したのがつい最近のことというくらいに一様なのである——という事実をどのように説明できるだろうか？

これまでに提出されたインフレーション宇宙論には多くのバリエーションがある．その中のひとつによると，インフレーションは遅延相転移の結果なのではなく，ある場において局所化された量子ゆらぎがわずかな領域——これがすさまじい大きさにまで膨張することになる——の中の真空エネルギーを通常の値以上にまで引き上げる際に生じるものである．この描像では，われわれの"宇宙"，すなわち何十億光年という大きさをもち，われわれが地球から見ることのできる銀河からなる，膨張し続ける銀河の雲は，新しい部分宇宙を永遠に産み出し続けるような，もっとずっと大きな宇宙の中の部分宇宙に過ぎない．

インフレーション宇宙論は2つの特徴的な予測をしている．ひとつは，質量密度は臨界値に極めて近いに違いないということであり，もうひとつは，マイクロ波輻射背景の非一様性——これはインフレーション宇宙論では，インフレーションによって増幅された量子ゆらぎとして説明される——は，2度よりも大きい角度スケールについて，ある特徴的な"フラットな"角度分布をもつものと予期されることである．この2つの予測はいずれも実験とよく一致している．宇宙の質量密度と臨界値とは等しくなることがありえそうなほど似通った値であるし，COBE衛星によって研究されている宇宙マイクロ波背景輻射の非一様性は，実

際にフラットな分布則に従うように思われる．残念ながら，この予測のどちらもインフレーション宇宙論に固有のものではなく，事実インフレーション宇宙論が展開される以前から提唱されていたのであった．どのような天文学的観測がインフレーションのアイデアを本当に確認することができるのかは，明確にはなっていない．1977年以降の観測的宇宙論の印象的な進展は，標準的な"ビッグバン"宇宙論を支持する議論を強化するのに大いに役立ったが，理論家たちがその気になって推測しているところと天文学者たちが実際に観測できることとの間には溝が生じてしまった．

　ほとんど同じことが素粒子物理学の近年の歴史についても言える．1977年以降は相次いですばらしい実験が見られた時代であった——中でもいちばん感動的だったのは，1983年から84年にかけて起こった，弱い核力を伝えるW粒子とZ粒子の発見である．その結果，電磁相互作用と弱い核力および強い核力についてのわれわれの標準モデルの正当性についての深刻な疑問はもはや存在しない．とりわけ，強い相互作用にかんする"漸近的自由"の理論が一貫して成功していることで，2兆度（10^{12} K）という極大温度について第VII章で行った推測は時代遅れのものになってしまった．それよりも高い温度になると，核粒子は構成されているクォークに崩壊し，宇宙の物質は，きわめて単純に，クォークとレプトンとフォトンとからなるガスとして振舞う．温度が1億度の100万倍の100万倍の100万倍の100万倍（10^{32} K）以上とさらに高くなると，重力は他の力と同

様に強くなり,物質の描写はようやく極めて困難になる. 理論家たちは,こういった温度において物質に適用される 理論をあれこれと推測してきたが,その推測を実験から直 接吟味するにはまだ道のりは遠い.

1977 年以降研究されてきた思弁的な理論の中でももっと も刺激的なのは,ひも理論である.粒子による物質の描写 は,この理論において,ひも——時空間における 1 次元の 微小な不連続——による描写に替わる.ひもは無限にある 振動の中から任意の形態をとることができ,そのそれぞれ がわれわれには種々の素粒子として映る.ひも理論におい て重力が現れることは自然なことであるばかりか,避けが たいことである.すなわち,重力輻射の量子は閉じたひも のひとつの振動形態なのである.現代のひも理論には極大 温度が存在するかもしれないが,そうだとしても,10^{12} K ではなく 10^{32} K の付近であろう.

残念ながらひも理論には何千という変形があり,それら から帰結されることがらをいかに評価すべきか,またひも 理論の他ならぬあるひとつがわれわれの宇宙を描写するの はなぜなのか,われわれにはわかっていない.しかしひも 理論には,宇宙論にとって大きな潜在的重要性をもつ側面 が存在する.われわれにおなじみの 4 次元時空間の連続体 は,実はひも理論にとって根本的な要素なのではなく,約 10^{32} K より低い温度においてのみ妥当となる自然の近似的 記述において現れるのである.もしかしたらわれわれにと っての真の問題は,宇宙の始まりを理解することではなく,

ましてや本当に始まりがあったかどうかをきめることでもなく，時間と空間とが意味をなさない条件における自然を理解することなのかもしれない．

(この「原著者追補2」は原著ペーパーバック第2版（1993年刊）に収録されたものであり，文庫化に当たり新たに訳出した．——文庫編集部)

解　題
『宇宙創成はじめの3分間』

佐藤　文隆

科学読み物の古典の1つ

　推薦図書のアンケートなどの際には，私はよくこの本をノミネートしている．理由はいくつかある．まず，この本のテーマであるビッグバン宇宙の発見，展開の物語は20世紀科学，とくに20世紀物理学の集大成という側面をもつからである．ここであえて「宇宙論の」とか「天文学の」とか言わずに「物理学の」と私は言いたい．第二には，一見「重い」テーマであってもなんの屈託もなくあっさりと 'nothing but'（なになに以外の何ものでもない）といってのける，理論物理学者のよい精神がよく出た記述だからである．この点は物理学の性格にかかわる意味深長なことなので説明を要するだろうが，また別の機会にふれることにする．この本が科学分野の読み物で古典としての地位を世界的に獲得していることがこの本を推薦する第三の理由である．

　この本は，題名の新鮮な響きも影響してか，世界中で多くの読者を獲得している古典になっている．これには著者のワインバーグの「大物」さも当然ながら寄与している．

著者は素粒子物理への理論的寄与によってノーベル物理学賞を受賞しているだけでなく，数あるノーベル賞受賞者のなかでも現代の科学，素粒子物理や宇宙論の社会的意義について積極的に発言してまわっている特別の人物でもある．この本はこうした彼の社会的活動が活発になる以前のものだが，こうした彼の側面は近著『究極理論への夢——自然界の最終法則を求めて』(ダイヤモンド社) によく書かれている．彼が社会の前面に出てマスコミや政治家に対して説得活動をするようになったのは，SSC という大きな加速器建設の予算獲得推進派の中心人物の一人として，この研究推進の哲学的根拠の論戦を張ることになったからである．

方程式と世界

この本について 1984 年に私は以下に載せるような小文を書いている．

この解題もまずこの文章から始めて，その後で，著者が新版で加えた部分についての批評をし，次に，現時点から見た際に補足しておくべきことがらを記すことにする．

著者のワインバーグは 1979 年に弱・電磁相互作用の統一理論によってノーベル賞を受賞した素粒子物理学者である．しかし彼は研究生活の初期から宇宙論について時々論文を発表しており，また 1972 年には今でも広く読まれている一般相対論と宇宙論についての大部な教科書を著している．素粒子物理学の中心テーマと宇宙論が密接に結びつ

解題 『宇宙創成はじめの3分間』

いて研究が飛躍的に進展したのは1970年代の後半に入ってからであった．この本はその時期に突入する直前に書かれたものであり，一般読者向きの本ではあるが研究面での新しいページを開くのに1つの刺激を与えた歴史的意味のある本であった．とくに，素粒子物理のなかでワインバーグ–サラム理論が注目を集めはじめていた時期であり，著者の影響力が大きくなりつつある時であったから，素粒子物理学者の目を宇宙の初期に向けさせる面で大きな役割を果たした．

さて本書の構成は膨張宇宙の発見，宇宙マイクロ波の発見，元素合成を中心とした最初の3分間，ビッグバン宇宙論確立までの歴史的よりみち，素粒子物理が関与してくる100分の1秒以前，などとなっている．一口でいえば最近の素粒子宇宙論といったものへの歴史的導入，それも宇宙論の側からの入門が記されている．とくにマイクロ波背景輻射の発見物語は面白い．また，ガモフがビッグバン説を早い時期に提唱したのになぜ長い間受け入れられなかったかという点をめぐっての，天文学者と理論物理学者，あるいは観測と理論というものの関係についての評論は物理学者にとっては貴重な教訓である．

評者は1965年のマイクロ波背景輻射の発見の前からビッグバン宇宙論を手がけていたので，この本を翻訳の出る前に読んだがあまり新鮮な印象は受けなかった．むしろ研究の歴史の記述の仕方に不満な点が目立ち，腹を立てて読んだのを覚えている．しかし非常に共感した見解もある．

先にも述べたガモフ説がなぜ長い間真剣に検討されず放っておかれたかについての次のような「反省」である．「私たちが机の上でいじっているこれらの数字や方程式が，実際の世界とかかわっているということを実感するのはいつでも難しいことである」「ガモフ，アルファ，そしてハーマンは進んで初期の宇宙を真剣に取りあげたこと，知られている物理法則がその最初の3分間について結論せねばならないことを明確にしたことによって，とくに，比類ない名声に値する」．このような話はチャンドラセカールのブラックホール予言がたどった歴史にもみることができる．あるいは，生物物理についてもいえる．われわれはしばしば物理法則のもつ強力な普遍性の具現を心理的に抑制していることがあるのである．

この本の出た直後の頃から素粒子相互作用の大統一理論と結びついた宇宙論が急テンポで展開された．そこでは，ガモフの教訓がいささか効きすぎた程に理論主導で，宇宙の初期の初期，100億光年の宇宙がたったの1センチ以下だった初期にまでさかのぼって描き出された．

〔『物理ブックガイド100』（培風館，1984年）収載〕

追補とインフレーション説

この本の原著の改訂版は1988年と1993年に出され，著者は追補を加えた．今回これらの部分の翻訳が本書に追加されている．1993年の追加は主に1992年に発表されたCOBEの観測についてのものである．他の部分の追補の文

章の執筆は1982年の時点とされている．1982年と1988年の間には相当な時間の開きがあり，これがどういう事情によるものかは説明されていない．他意はないのかもしれないが，このため1982年以後にこの分野の研究で大流行したインフレーション説に対する著者の意見が鮮明には示されていない．このこととなにか関連があるのではないかとかんぐりたくなるような実に微妙な時期でこの追補の内容を打ち切ってある．この追補の最後の部分で，「大統一理論」の真空相転移が強い1次相転移なら宇宙論の長年の問題が説明されるかもしれないということを，A.グースが提案していると簡単にふれているが，これがインフレーション説である．

素粒子物理の若い研究者であったグースが「インフレーション——地平線，平坦性問題への可能な解答」と題する論文を書いたのは1980年で，印刷されたのは1981年であった．「長年の問題」（地平線問題と平坦性問題を指す）を解決するという議論は多くの人をとらえたが，相転移の具体的なモデルに若干難があったこともあって，当初評価に戸惑った．ところが，翌1982年になって具体的なモデルを改良した新インフレーション理論がリンデ，アルブレヒトとシュタインハルトによって提出されると，一気にグース論文の値打ちが上がり，学界はインフレーション説一色になり，素粒子宇宙論全体の牽引車となって1980年代後半の「宇宙論ブーム」を支えた．したがって，その頃に出版された多くの解説本を見れば一目瞭然であるが，インフ

レーション説の扱いは本書のようにあっさりしたものではない．たとえば，M.リョーダン - D.シュラム著『宇宙創造とダークマター』（原著は1991年）の第1章は「1979年も押し迫ったある晩のこと，アラン・グースは現代物理学の流れを変えるような発見をした」という書き出しで始まる．多少の誇張はこうした本の性格上避けられないが，たしかに80年代後半の学界のインフレーション熱に浮かれていた雰囲気を正確に描いているともいえる．したがって，この追補での「あっさり」さは1982年ならうなずけるが，1988年の時点でこれしか書かないとなると，ある種の意志表示とも読み取れるのである．

宇宙論の3つの課題

ここで私の観点でのビッグバン宇宙の問題点の整理をして必要な追加を記す．まず課題は3つに大別される．

①「宇宙マイクロ波背景輻射」が発せられた時点（現在より宇宙が1000分の1小さかった時点．輻射と物質の作用しなくなった時期という意味で以下では「脱結合」時点と呼ぶ）と現在までの間に，どのようにして天体の構造ができてきたか？　脱結合時点では宇宙にはまだ天体構造はできていなかった．そこから出発した構造形成論が必要なのである．

②構造がない脱結合時点以前の熱い宇宙での素粒子反応，原子核反応などでの物質形成の問題．以下この時期は，ガモフの用語を借りて，「火の玉宇宙」と呼ぶ．火の玉宇宙は天然の加速器にあたるから，素粒子物理の研究とぴったり

重なっている．また，この時期は，単に物質の起源を論ずるのみならず，次の時代での構造形成の種，すなわち構造形成の初期条件を準備するという課題も含まれる．

　③膨張宇宙とは空間という物理的実体の動力学なのである．これがアインシュタインの一般相対論が切り開いた地平である．そしてこの膨張する空間そのものの起源を問題にするのが量子宇宙論であり，実はこの課題は素粒子物理での重力を含む統一理論の試みである超弦理論とも密接に関連する課題である．80年代後半の統一理論と宇宙論のブームの重要な立役者であったS.W.ホーキングがこの時期に展開した理論はこの課題に関するものが多い．この課題は息の長い大問題であって，しばらくは理論的，数理的研究の期間がしばらく続くものと考えられる．さまざまな試みの時期であって，にわかに科学的知見にいたるものではない．

素粒子物理と初期宇宙

　初めに本書のメインテーマである②の課題について述べる．ワインバーグも重要な貢献をした電弱統一理論の完全な成功をうけて，素粒子論は同じ路線で3つの力の統一理論である大統一理論の試みを現在も行なっている．しかし，重力も含む4つの力の統一理論は同じ路線は踏襲できず，大きな飛躍が要求される．課題②は大統一理論建設と絡めて議論されている．すなわち，実験室で理論を完成して，そのしっかりした理論を武器に火の玉宇宙を解明するとい

うのではなく，大統一理論の具体的手がかりを逆に火の玉宇宙に求めようというわけである．ところが宇宙現象，しかも起源をめぐる議論はちょうど考古学のように原因を1つに特定できず，実験室の現象のように再現させて確認する作業もできない．そこに大きな方法論上の難点がある．

「成功した電弱理論（標準理論）と同じ路線」というのには，クォーク-レプトン，ゲージ理論，真空相転移の3つの要素が含まれ，これを理論的支柱にして具体的な粒子の数等は拡張して大統一理論をつくろうというのである．私の意見ではこの3つの要素は，㋑新粒子論，㋺真空論の2つに大別される．前二者が㋑である．各々は火の玉宇宙での話題でいうと次のようになる．

㋑新粒子論

元素合成，クォーク-レプトンの世代数，宇宙バリオン数，陽子崩壊，CP破れ，質量ニュートリノ，アクシオン，弱作用重粒子，超対称粒子，暗黒物質，ダークマター（CDM，HDM），などなど

㋺真空論

ハドロン化，磁気モノポール，位相欠陥（モノポール，宇宙ひも，ドメインウォール，テクスチャー），ゆらぎ起源，インフレーション，多重宇宙発生，永遠インフレーション，ダーク・エネルギー，などなど

真空論の現在

さてこのような分類の後に,標準理論のなかで,㋑と㋺の信憑度を比較すると,答えは明白で,㋺には実験上は根拠がまだ充分でない.いろいろなレベルの疑問符がつく.標準理論でも,真空相転移は有効理論であって現在の真空から遠く離れた状態までは何も言っていないという主張がある.次に,たとえ標準理論でヒッグス場が存在しても,相転移が1次か2次かという問題が残る.インフレーションには1次が必要である.また標準理論でこれがわかっても,宇宙に利用したいのはこれとは別の大統一理論での転移である.なぜ現在は真空エネルギーがほぼゼロなのかという説明も難しい.さらに,すべてがインフレーション説向きになっていたとしても,真空エネルギーと重力作用はまた新たな問題である.これは,重力を含む統一理論が完成してみないと解答がない.現在はある単純な仮定をしてやっているにすぎない.実は真空論中の話題もこの点で二分され,位相欠陥は一般に存在するが,インフレーション説に必要な真空での膨張は,よほど条件が揃わない限り起こらない.

ワインバーグはこの真空と重力の作用問題を,インフレーション説との関連でよりは,現在の宇宙の宇宙項の問題としてとらえていこうとしているように見受けられる.これに関する長編の専門論文をこの時期に書いてもいる.インフレーションが起こるような真空を重力の作用で打ち消すメカニズムの提案もあり,素粒子理論の側からすれば単純

すぎる仮定である.

ともかく真空問題は場の量子論の難題を引き継ぐものであり，朝永振一郎らのくりこみ理論がうまく回避した発散相殺の問題を重力との作用でふたたび表にもち出す課題である．ワインバーグはこういう「長年の」理論物理の流れのなかでこの問題にアプローチしようとしている．このへんは宇宙モデルと理論物理の論理性のいずれに重点をおくかの違いである．ちなみにワインバーグの近著『究極理論への夢』でもちょっとだけ宇宙論にふれ，暗黒物質や宇宙項（宇宙定数）の話題を取りあげているが，インフレーション説を中心には取りあげていない．

銀河分布の大構造と宇宙背景輻射の観測

①の構造形成については，1982年頃から2つの大きな宇宙観測上の前進があった．1つは数十Mpc（100万パーセク）に及ぶ銀河分布の大構造が発見された．網目状のパターンのひも部分に銀河が分布し，それで囲まれる広い領域には銀河がないボイドになっている．もう1つの発見は宇宙背景輻射の観測の前進である．まず短波長側がCOBEという人工衛星搭載の観測器で測られプランクスペクトルが1989年末に確認された．さらに1992年4月にやはりCOBE搭載の別の測定器で宇宙背景輻射の全天での強度分布が発表された．約10度角の分解能でゆらぎはたったの10万分の1であった．その後，地上からの観測で約1度角での強度ゆらぎも確認された．いずれも脱結合時には宇宙

はほぼ一様であったことの確認である．2006年のノーベル賞に輝いたこの発見物語りはJ.スムート，K.デイヴィッドソン著『宇宙のしわ』（草思社，1995年）にくわしい．

一方，天文学では，赤方偏移の大きいクエイサー，クエイサー光に見られるライマンアルファー吸収線群，レンズ効果像，銀河団X線源，背景X線源，などなど，銀河世界に関する観測データが集積している．スペースシャトルで打ち上げたハッブル宇宙望遠鏡や8メートル級の大型望遠鏡，CCDなどの検出機器の開発，コンピュータでの情報処理能力の向上，などによって，観測はさらに加速されようとしている．構造形成の問題はこうした天文学の進歩に合わせて解決されていくと考えられる．

2003年にはCOBEの後継機のWMAPなどの観測によって宇宙は現在の加速膨張している兆候が発見されており，ダーク・エネルギーという論議がさかんになっている．著者は追補で宇宙項と呼んでいるものがダーク・エネルギーに当る．そこで著者は人間原理の観点から宇宙項の必要性を論じており，それは観測と整合する．しかしこの議論が確認されたわけではない．

歴史の記述について

この本の記述で不満な点は1946年にガモフたちが最初にビッグバン宇宙論を提唱したことを軽く扱っていることである．たしかにこの時期のは理論的研究であったが，それなりに根拠をもった推論であった．私自身は1950年にガ

モフ理論を発展させた林忠四郎（この本にも名前が登場）の研究室に入ったので，ペンジャス-ウィルソンの1965年の発見以前からこの宇宙論での元素合成の計算をしていた．ガモフらの理論がいったんまったく学界から消えていたかのように扱うのは正しくない．

また，ガモフが火の玉宇宙を考えたきっかけが原爆・原子力開発の初期と関連していたのである．原子炉材料のために中性子吸収断面積をいろいろの元素で比較しデータを眺めてガモフはビッグバン宇宙のアイデアを得たというのである．宇宙での元素合成を考えていたとはいえ，着想のきっかけは思いがけないところにある．非常にダイナミックな歴史である．宇宙のアイデアは宇宙の観測だけから出てくるものではない．

この歴史には次の本が参考になる．F. ライネス編『ジョージ・ガモフ——その業績と思い出』（共立出版，1976年）1-12p.

参考読み物

この本のテーマは自分の研究分野であったので，歴史を含めて次のように多くの著書を発表しているので，参考に供したい．

『ビッグバンの発見——宇宙論入門』（NHKブックス，1983年），『ビッグバン』（講談社ブルーバックス，1984年），『宇宙論への招待』（岩波新書，1988年），『宇宙のはじまり』（岩波ニューサイエンスエイジ，1989年），『量子宇宙をのぞく』（講

談社ブルーバックス，1991年)，『アインシュタインの宇宙』(朝日文庫，1992年)，『宇宙のしくみとエネルギー』(朝日文庫，1993年)，『現代の宇宙像』(講談社学術文庫，1997年)，『いまさら宇宙論?』(丸善，1999年)，『宇宙を顕微鏡で見る』(岩波現代文庫，2001年).

その後の観測であるWMAPについては杉山直『宇宙その始まりから終わりへ』(朝日選書，2003年)が参考になる．

(さとう・ふみたか／京都大学名誉教授)

* 本論は，ダイヤモンド社刊『新版　宇宙創成はじめの三分間』に収録された「解題」に，加筆・修正を施したものである．

補　遺

表1 いくつかの素粒子の性質

粒　子		記　号	静止エネルギー (100万電子ボルト)
フォトン		γ	0
レプトン	ニュートリノ	$\nu_e, \bar{\nu}_e$	0
		$\nu_\mu, \bar{\nu}_\mu$	0
	電　子	e^-, e^+	0.5110
	ミュー粒子	μ^-, μ^+	105.66
ハドロン	パイ中間子	π^0	134.96
		π^+, π^-	139.57
	陽　子	$p, \bar{p}$	938.26
	中性子	$n, \bar{n}$	939.55

静止エネルギー 粒子の全質量がもしエネルギーに転換されたとした場合に解放されるエネルギーである．

しきい温度 静止エネルギーをボルツマンの定数で割ったものである；これより高い温度では熱輻射から粒子が自由に生成されうる．

有効種類数 しきい温度より高い温度において，全エネルギー，圧力，およびエントロピーに対するそれぞれの型の粒子の相対的な分担を与える．この数は3つの因子の積で表わされる；第1の因子は

しきい温度 (10億 K)	有効種類数	平均寿命 (秒)
0	$1 \times 2 \times 1 = 2$	安定
0	$2 \times 1 \times 7/8 = 7/4$	安定
0	$2 \times 1 \times 7/8 = 7/4$	安定
5.930	$2 \times 2 \times 7/8 = 7/2$	安定
1226.2	$2 \times 2 \times 7/8 = 7/2$	2.197×10^{-6}
1556.2	$1 \times 1 \times 1 = 1$	0.8×10^{-16}
1619.7	$2 \times 1 \times 1 = 2$	2.60×10^{-8}
10888	$2 \times 2 \times 7/8 = 7/2$	安定
10903	$2 \times 2 \times 7/8 = 7/2$	920

粒子が別個な反粒子をもっているか否かによって 2 か 1 である；第 2 の因子は粒子のスピンの可能な向きの数である；最後の因子は粒子がパウリの排他律に従うか否かによって 7/8 か 1 である.

平均寿命 別の粒子に放射性崩壊するまでに粒子が残存する時間の平均である.

表 2　いくつかの輻射の性質

	波　長 (cm)
電波（VHF まで）	>10
マイクロ波	$0.01 \sim 10$
赤 外 線	$0.0001 \sim 0.01$
可 視 光	$2 \times 10^{-5} \sim 10^{-4}$
紫 外 線	$10^{-7} \sim 2 \times 10^{-5}$
X　　線	$10^{-9} \sim 10^{-7}$
γ　　線	$<10^{-9}$

それぞれの種類の輻射は，一定の範囲にある**波長**で特徴づけられている．波長のこの範囲に対応した**フォトンのエネルギー**の範囲を，ここでは電子ボルトで示した．

黒体温度　黒体輻射の大部分のエネルギーが与えられた波長付近に集中する温度で，絶対温度で示してある．（たとえば，ペンジャスとウィルソンが宇宙輻射背景の発見の際に同調させた波長は 7.35

フォトンのエネルギー （電子ボルト）	黒体温度 (K)
< 0.00001	< 0.03
0.00001〜0.01	0.03〜30
0.01〜1	30〜3000
1〜6	3000〜15000
6〜1000	15000〜3000000
1000〜100000	$3 \times 10^6 \sim 3 \times 10^8$
> 100000	$> 3 \times 10^8$

cm であるから，これはマイクロ波である；原子核が放射性変換をした際に放たれるフォトンの典型的なエネルギーは約 100 万電子ボルトであるから，これは γ 線である；太陽の表面は 5800 K の温度にあるから，太陽は可視光を放つ．）

もちろん，輻射は完全にはっきりと各種類に分けられているわけではないし，それぞれの波長範囲について一般的に一致したものはない．

用語解説 (アイウエオ順)

アンドロメダ星雲

われわれの銀河系にもっとも近い大きな銀河. 太陽の約 3000 億 (3×10^{11}) 倍の質量を含む渦巻き銀河. 星雲・星団についてのメシエ表の M31 星雲であり, 新一般カタログの番号から NGC224 とも呼ばれる.

一様性

与えられた時点では, どこに位置していようと典型的なすべての観測者に対して宇宙は同じに見えるという, 宇宙に仮定される性質.

一般相対論

アインシュタインによって 1906 年から 16 年にかけて発展された重力理論. アインシュタインによって定式化されたように, 一般相対論の本質的なアイデアは, 重力は時空連続体の曲率の効果だということである.

宇宙原理

宇宙が等方で一様であるという仮定.

宇宙定数

アインシュタインによって 1917 年に彼の重力場方程式に加えられた項. その項は非常に大きい距離において斥力をつくり, 静的な宇宙においては重力による引力と釣り合うために必要である. 現在は宇宙

定数の存在を予想する理由はない．宇宙項ともいう．

宇宙線

地球外の空間から地球大気に突入する高エネルギー荷電粒子．

エルグ

cgs（センチメートル・グラム・秒）単位におけるエネルギーの単位．毎秒1センチの速度で運動する1グラムの質量の運動エネルギーが $\frac{1}{2}$ エルグ．

エントロピー

物理系の無秩序の程度に関係した統計力学の基本的な量．熱平衡が維持されつづけているいかなる過程においても，エントロピーは保存される．熱力学の第2法則によれば，いかなる反応においても全エントロピーは決して減少しない．

おとめ座集団

おとめ座に見られる，1000個以上の銀河からなる巨大な集団．われわれから毎秒約1000キロメートルの速さで遠ざかっており，6000万光年の距離にあると考えられている．

オングストローム単位

1センチの1億分の1（10^{-8} cm）．Åで表わす．典型的な原子の大きさは数オングストロームであり，可視光の典型的な波長は数千オングストローム．

核粒子

通常の原子の核内にみられる粒子で，陽子および中性子．通常は核子という．

極大温度

強い相互作用の理論のあるもので暗示される温度の上限．これらの理論においては2兆Kと推定される．

銀河（天の川）

われわれの銀河系の面を示す恒星帯の古くからの呼び名．銀河系そのものを意味するのに使われることもある．

銀河（ギャラクシー）

重力的に束縛された巨大な恒星集団で，太陽質量の1兆（10^{12}）倍に及ぶ質量を含む．われわれの"銀河系"もそのひとつ．銀河はその形によって，一般に，楕円，渦巻き，棒渦巻き，あるいは"不規則"などに分類される．

クォーク

すべてのハドロンを構成していると考えられる仮説的基本粒子．遊離したクォークは決して観測されたことがないし，ある意味で実在ではあるがクォークは遊離した粒子としては決して観測できないと推測される理論的理由がある．

ゲージ理論

弱い，電磁の，および強い相互作用の可能な理論として現在強力に研究が進められている一群の場の理論．そのような理論は対称な変換のもとで不変であり，その効果は時空内の点によって変化する．"ゲージ"という用語は，"測る"という通常の英語に由来するが，この用語は主に歴史的な理由で用いられている．

ケフェウス型変光星

絶対光度，変光周期，および色の間にはっきりした関係をもつ明るい変光星．ケフェウス座デルタ星に由来して命名．比較的近距離で距

離の指標に使われる.

ケルヴィン温度（K）

温度のゼロとして氷の融点ではなく絶対零度をとった摂氏温度尺度と同様な温度尺度. 1 気圧の圧力において氷の融点は 273.15 K である.

原子核デモクラシー

すべてのハドロンは同じように基本的であるとする学説.

減速パラメーター

遠い銀河の後退が遅くなっている割合を特徴づける数.

光速度

特殊相対論の基本的定数で, 毎秒 29 万 9792 キロメートルに等しい. c で示す. フォトン, ニュートリノ, あるいはグラヴィトンのような質量ゼロの粒子はどんなものも, 光速度で進む. 物質粒子は, 質量に含まれる静止エネルギー mc^2 にくらべてそのエネルギーが非常に大きいときに光速度に近づく.

光　年

光が 1 年間に伝わる距離で 9.4605 兆キロメートルに等しい.

黒体輻射

各波長域におけるエネルギー密度が, 完全に吸収する熱体から放たれる輻射と同じである輻射. 熱平衡のどんな状態における輻射も黒体輻射である.

固有運動

視線方向に垂直な運動によって生じる, 天球上での天体の位置のずれ. ふつう 1 年について角度の秒で測る.

再結合

原子核と電子が通常の原子へ結合すること．宇宙論においてはしばしば，3000 K 付近の温度においてヘリウムおよび水素の原子が形成されることに使われる．

3重水素（トリチウム）

水素の不安定な重い同位元素，H^3．3重水素の核は1個の陽子と2個の中性子からなる．

シアン

炭素と窒素からなる化学分子，CN．可視光の吸収によって星間空間において発見．

紫外輻射

波長が 10 オングストロームから 2000 オングストロームの範囲（10^{-7} cm から 2×10^{-5} cm）にある電磁波．可視光と X 線の中間にある．

しきい温度

それより高ければ，与えられた種類の粒子が黒体輻射によって多数形成されるような温度．粒子の質量と光速度の平方の積をボルツマンの定数で割った値に等しい．

重水素（デューテリウム）

水素の重い同位元素，H^2．重水素の原子核はデューテロン（重水素核）と呼ばれ，1個の陽子と1個の中性子からなる．

重力波

電磁場における光の波に類似した重力場のなかの波．重力波は光と同じ速さ，すなわち毎秒 29 万 9792 キロメートルで伝わる．重力波

に対して一般的に受け入れられている実験的証拠はないが、その存在は一般相対論によって要求されており、重大な疑点はない。重力輻射の量子は、フォトンとの類似でグラヴィトンと呼ばれる。

準星的天体

恒星的な外観で非常に小さい角直径をもつが、大きい赤方偏移を示す種類の天体。クエーサー（準星）とも呼ばれ、強い電波源である場合には準星的電波源とも呼ばれる。その正体は不明である。

ジーンズ質量

重力的引力が内部圧力にうちかって重力的に束縛された系をつくりうる最小質量。M_Jで示す。

振動数

どんな種類の波でも、与えられた点を波がしらが通過する割合。波の速さを波長で割ったものに等しい。毎秒あたりのサイクル、すなわち"ヘルツ"で測る。

水酸基イオン

OH^-イオンで、酸素原子と水素原子と1個の余分な電子とからなる。

水 素

もっとも軽くもっとも多量に存在する元素。ふつうの水素の原子核は1個の陽子からなる。重水素（デューテリウム）および3重水素（トリチウム）という2つの重い同位元素がある。水素原子は水素原子核と1個の電子からなり、正の水素イオンでは電子が失われている。

ステファン – ボルツマンの法則

黒体輻射のエネルギー密度と温度の4乗との間の比例関係。

スピン

粒子の回転状態を記述する，素粒子の基本的性質．量子力学の法則によれば，スピンは，プランクの定数の整数あるいは半整数倍であるようなある特定な値だけをとることができる．

星 雲

雲状の外観を示す広がった天体．一部の星雲は銀河であり，他はわれわれの銀河系内にあるガスと微塵の雲である．

静止エネルギー

静止している粒子のエネルギーで，粒子の全質量が消滅すれば解放される．$E = mc^2$ というアインシュタインの公式で与えられる．

青方偏移

接近する源に対してドップラー効果によって生じる，スペクトル線の短波長側への偏移．

赤外輻射

波長が約 0.0001 センチと 0.01 センチの間（1 万オングストロームから 100 万オングストローム）の電磁波で，可視光とマイクロ波輻射の中間．室温にある物体は主として赤外において輻射する．

赤方偏移

後退する源に対してドップラー効果によって生じる，スペクトル線の長波長側への偏移．宇宙論では，遠い天体のスペクトル線の長波長側への観測された偏移をいう．赤方偏移は波長増大の割合で表わし，z で示す．

絶対光度

天体によって放射される単位時間あたりの全エネルギー．

漸近的自由

短い距離において力がどんどん弱くなるという，強い相互作用についてのある種の場の理論の性質．

相転移

ひとつの配位から別の配位への，通常は対称性の変化を伴うはっきりした系の遷移．融解，沸騰，また常伝導から超伝導への遷移などの例がある．

地平線

宇宙論において，そこよりも向こうからでは光の信号がわれわれに達するだけの時間がないような距離．もし宇宙の年齢が有限であるならば，地平線までの距離は宇宙の年齢と光速度の積の程度である．

中間子（メソン）

パイ中間子，K‐中間子，ロー中間子，等々を含む，バリオン数ゼロの強い相互作用をする種類の粒子．

中性子（ニュートロン）

通常の原子核内に陽子とともに見られる電荷をもたない粒子．n で示す．

超新星

恒星の中心核だけを残してすべてを星間空間に吹き飛ばしてしまう，すさまじい爆発．数日間に，太陽が10億年間に放つほど莫大なエネルギーを発生する．私たちの銀河系内で観測された最後の超新星は，へびつかい座で1604年にケプラーにより（また朝鮮および中国の宮廷天文官により）観測されたが，カシオペヤ座 A 電波源はもっと最近の超新星に原因するものと考えられている．

強い相互作用

素粒子の一般的な4つの相互作用のなかでもっとも強い作用．陽子と中性子を原子核内に保っておく核力の原因である．強い相互作用はハドロンだけに及び，レプトンやフォトンには及ばない．

定常宇宙論

ボンディ，ゴールド，およびホイルによって発展された宇宙論の理論で，宇宙の平均的性質は時間がたっても決して変わらない——宇宙の膨張につれて密度が一定に保たれるために，新しい物質が連続的に生成されなくてはならない．

典型的な銀河

なんら特異な速度をもっていない銀河．したがって宇宙の膨張によって生ずる物質の一般的な流れとともに運動する銀河の意味でここでは用いる．

電　子

もっとも小さい質量をもつ素粒子．原子および分子のすべての化学的性質は，電子の相互間および原子核との電気相互作用によって定められる．

電子ボルト

原子物理学で便利なエネルギーの単位で，1ボルトの電位差を1個の電子が移動して得られるエネルギー．1.60219×10^{-12} エルグに等しい．

等方性

典型的な観測者にとって宇宙がすべての方向で同じに見えるという，宇宙に仮定される性質．

特殊相対論

アインシュタインによって1905年に提示された新しい時空観. ニュートン力学におけると同様に, 異なる観測者にとって自然の法則が同じに見えるような具合にした, それらの観測者によって用いられる時空座標を関係づける一組の数学的変換がある. しかし特殊相対論においては, 観測者の速度にかかわりなく, 光速度が不変であるという本質的な性質を時空の変換がもっている. 光速度に近い速度の粒子を含むような系は相対論的であるといい, ニュートン力学ではなく特殊相対論の法則に従って扱わなくてはいけない.

特性膨張時間

ハッブル定数の逆数. 宇宙が1パーセント膨張する時間のほぼ100倍.

ドップラー効果

源と観測者の相対運動によって生じる, 任意の信号の波長における変化.

ニュートリノ

弱い相互作用と重力相互作用だけをもつ質量のない電気的に中性の粒子. ν で示す. ニュートリノには電子型 (ν_e) とミュー粒子型 (ν_μ) の少なくとも2つの種類がある.

ニュートンの定数

ニュートンおよびアインシュタインの重力理論における基本定数. G で示す. ニュートンの理論では, 2つの物体の間の重力はそれらの質量の積を物体間の距離の平方で割ったものに G を掛ける. その値は 6.67×10^{-8} cm^3/g sec^2 に等しい.

熱平衡

速度，スピン，等々の与えられた任意の範囲の粒子が入る割合が，粒子がそこから出ていく割合に厳密に釣り合っている状態．充分に長い時間邪魔せずに放っておけば，どんな物理系もついには熱平衡の状態に近づく．

パイ中間子

最小質量のハドロン．正に荷電した粒子（π^+），負に荷電したその反粒子（π^-），およびわずかに軽い中性粒子（π^0）の3つの種類がある．パイオンとも呼ばれる．

パウリ排他律

同じ種類の粒子2個はまったく同じ量子状態を占められないという原理．バリオンおよびレプトンはこれに従うが，フォトンあるいは中間子は従わない．

パーセック

距離の天文学的単位．視差（太陽のまわりの地球の年周運動によって生じる空における天体の位置のずれ）が角度の1秒である天体の距離として定義される．pcと省略する．3.0856×10^{13} キロメートルあるいは3.2615光年に等しい．天文学の文献では光年に優先して用いられる．宇宙論で通常使われるのは100万パーセックあるいはメガパーセックで，Mpcと省略する．ハッブル定数はふつう，メガパーセックにつき毎秒あたりのキロメートルで与えられる．

波　長

どんな波においても，波がしら間の距離．電磁波では，電場あるいは磁場ベクトルの成分がその極大値をとる点の間の距離と定義することができる．λで示す．

ハッブルの法則

中くらいの遠方にある銀河の後退速度と距離の間の比例関係. ハッブル定数は後退速度と距離の比で, H あるいは H_0 で示す.

ハドロン

強い相互作用に関与する粒子. ハドロンはパウリ排他律に従うバリオン（中性子や陽子のような粒子）と, 従わない中間子（メソン）に分けられる.

バリオン

中性子, 陽子, およびハイペロンと呼ばれる不安定なハドロンを含む, 強く相互作用する一群の粒子. バリオン数は系に存在するバリオンの全数から反バリオンの全数を引いたもの.

反粒子

粒子と同じ質量およびスピンをもっているが, 等しくて反対の電荷, バリオン数, レプトン数, 等々をもっている粒子. すべての粒子には対応する反粒子が存在するが, フォトンや π^0 中間子（メソン）のような純粋に中性なあ粒子は自分自身の反粒子である. たとえば, 反ニュートリノはニュートリノ反粒子, 反陽子は陽子の反粒子, という具合である. 反物質は, 反陽子, 反中性子, および反電子すなわち陽電子で構成されている.

微細構造定数

原子物理学および量子電気力学における数値的基本定数. 電子の電荷の平方を, プランクの定数と光速度の積で割ったもので定義される. α で示し, $1/137.036$ に等しい.

"ビッグバン"宇宙論

宇宙の膨張が, きわめて大きい密度と圧力のなかで過去の有限な時

点に始まったとする理論.

ファインマン図形
素粒子反応の起こる割合に対する種々の寄与を象徴する図形.

フォトン
輻射の量子理論において光の波に伴う粒子. γ で示す.

プランクの定数
量子力学の基本定数. h で示す. 6.625×10^{-27} エルグ・秒に等しい. 黒体輻射のプランクの理論において 1900 年に初めて導入された. ついで 1905 年に発表されたアインシュタインのフォトンの理論に現われた——フォトンのエネルギーはプランクの定数と, 光速度を波長で割ったものの積である. 今日ではプランクの定数を 2π で割った $\hbar$ がもっと一般に使われる.

プランク分布
熱平衡にある輻射すなわち黒体輻射における, 異なる波長に対するエネルギーの分布.

フリードマン・モデル
一般相対論（宇宙定数を含まない）および宇宙原理にもとづいた, 宇宙の時空構造についての数学的モデル.

平均自由行路
与えられた粒子が, 運動する媒質において衝突と衝突の間に動く平均距離. 平均自由時間は衝突間の平均時間.

ヘリウム
2 番目に軽く, 2 番目に多量に存在する化学元素. 2 つの安定な同位

元素があり，He^4 の原子核は 2 個の陽子と 2 個の中性子からなるが，He^3 の原子核は 2 個の陽子と 1 個の中性子を含む．ヘリウム原子は核外に 2 個の電子をもつ．

保存則

　ある量の全体の値がいかなる反応においても変わらないことを述べている法則．

ボルツマンの定数

　温度目盛りをエネルギー単位に関係づける統計力学の基本定数．ふつう k あるいは k_B で示す．絶対温度 1 度あたり 1.3806×10^{-16} エルグあるいは 0.00008617 電子ボルトに等しい．

マイクロ波輻射

　波長が約 0.01 センチと 10 センチの間の電磁波で，赤外輻射と VHF 電波の中間．温度が数 K の物体は主としてマイクロ波帯で輻射する．

見かけの光度

　単位の受光面につき単位時間に天体から受ける全エネルギー．

密　度

　任意の量の単位体積あたりの分量．質量密度は単位体積あたりの質量で，しばしば単に"密度"という．エネルギー密度は単位体積あたりのエネルギー，数密度あるいは粒子密度は単位体積あたりの粒子の数．

ミュー粒子（ミューオン）

　負の電荷をもつ不安定な素粒子で，電子に似ているが 207 倍重い．μ で示す．ミュー中間子と呼ぶこともあるが，本当の中間子のように強く相互作用しない．

メシエ番号

メシエが作成した表における星雲・星団の番号．通常，M…と示し，たとえばアンドロメダ星雲は M31．

陽子（プロトン）

通常の原子核内に中性子とともに見られる正の電荷をもつ粒子．p で示す．水素の原子核は1個の陽子からなっている．

陽電子（ポジトロン）

正に荷電した，電子の反粒子．e^+ で示す．

弱い相互作用

素粒子の相互作用の4つの一般的な種類のひとつ．通常のエネルギーにおいては，弱い相互作用は重力よりも非常に強いが電磁相互作用あるいは強い相互作用よりはるかに弱い．弱い相互作用は，中性子やミュー粒子のような粒子の比較的遅い崩壊や，ニュートリノを含むすべての反応に対して原因となっている．弱い相互作用，電磁相互作用，そしておそらくは強い相互作用も，根底にある簡単な統一的ゲージ場の現れであると現在一般に考えられている．

量子力学

古典力学に代わるものとして 1920 年代に発展した基本的な物理理論．量子力学においては波動と粒子は根本的に同じ実在の2つの外観である．与えられた波動に伴う粒子がその量子である．また，原子や分子のような束縛された系の状態はある定まった個別的エネルギー準位だけを占める——エネルギーは量子化されているという．

臨界温度

相転移が起こる温度．

臨界密度

もし宇宙の膨張が最終的に止まって収縮に転ずるとした場合に要求される，宇宙の質量密度の現在における最小値．宇宙の密度が臨界密度より大きければ，宇宙は空間的に有限である．

レイリー - ジーンズの法則

プランク分布の長波長の限界で適用できる，エネルギー密度（単位波長間隔についての）と波長の間の簡単な関係．この限界でのエネルギー密度は波長の4乗に逆比例する．

レプトン

強い相互作用に関与しない種類の粒子で，電子，ミュー粒子（ミューオン），およびニュートリノを含む．レプトン数は系に存在するレプトンの全数から反レプトンの全数を引いた数．

ロー中間子

極度に不安定な多数のハドロンのひとつ．4.4×10^{-24} 秒の平均寿命で2個のパイ中間子に崩壊する．

数学ノート

この数学ノートは,本文で述べた数学を使わない説明の基礎になっている数学について,その筋道をたどりたい読者のためのものである.本文にある議論をたどるには,これらのノートを勉強することは必要ではない.

ノート1　ドップラー効果

周期 T の間隔をおいて規則的に波がしらが光源から出ているとしよう.もし光源が速度 V で観測者から遠ざかっていると,相次ぐ波がしらの間の時間に,光源は VT の距離だけ動く.波がしらが光源から観測者に達するに要する時間はこのために,c を光速度として VT/c だけ増す.こうして観測者のところに相次ぐ波がしらが到達する間の時間は,

$$T' = T + \frac{VT}{c}$$

となる.光が放射された際の光の波長は

$$\lambda = cT$$

であり,光が到達する際の波長は

$$\lambda' = cT'$$

である.したがって,これらの波長の比は

$$\lambda'/\lambda = T'/T = 1 + \frac{V}{c}$$

となる.もし光源が観測者に近づいている場合には,上と同様に考えて V を $-V$ に置き換えればよい.(光の波だけでなく,どんな種類の波の信号にも適用できる.)

たとえば,おとめ座集団の銀河はわれわれの銀河系から毎秒約 1000 km の速さで遠ざかっている.光速度は毎秒 30 万 km である.したがっておとめ座銀河集団からのいかなるスペクトル線の波長 λ' も,正規の値 λ から

$$\lambda'/\lambda = 1 + \frac{1000 \text{ km/sec}}{300000 \text{ km/sec}} = 1.0033$$

の比だけ大きい.

ノート 2 臨界密度

銀河が分布している半径 R の球を考えよう.(この計算のためには,銀河集団間の距離より大きいが,宇宙全体を特徴づけるような距離よりも小さく R をとらねばならない.)この球の質量はその体積と宇宙の質量密度 ρ の積である:

$$M = \frac{4\pi R^3}{3}\rho.$$

ニュートンの重力理論によれば,この球の表面における典型的ないかなる銀河のポテンシャル・エネルギーも

$$P.E. = -\frac{mMG}{R} = -\frac{4\pi mR^2\rho G}{3}$$

で与えられる.ここで m は銀河の質量で,G はニュートンの重力定数である.

$$G = 6.67 \times 10^{-8} \text{ cm}^3/\text{g sec}^2.$$

この銀河の速度はハッブルの法則によって,H をハッブル定数とすれば

$$V = HR$$

である．したがってその運動エネルギーは

$$K.E. = \frac{1}{2}mV^2 = \frac{1}{2}mH^2R^2$$

である．この銀河の全エネルギーは運動エネルギーとポテンシャル・エネルギーの和であり，

$$E = P.E. + K.E. = mR^2\left[\frac{1}{2}H^2 - \frac{4}{3}\pi\rho G\right]$$

となる．この量は宇宙が膨張しても一定でなくてはならない．

もし E が負であれば，銀河は決して無限遠に脱出できない．非常に遠い距離においてはポテンシャル・エネルギーは無視できるようになり，その場合には全エネルギーは運動エネルギーに等しく，運動エネルギーはつねに正だからである．一方もし E が正であれば，銀河はいくらかの運動エネルギーを残して無限遠に達することができる．したがって，銀河がちょうど脱出速度をもつ条件は E がゼロになることであり，そのことから

$$\frac{1}{2}H^2 = \frac{4}{3}\pi\rho G$$

となる．言い換えると，密度は

$$\rho_c = \frac{3H^2}{8\pi G}$$

の値をとらなくてはならない．これが臨界密度である．（この結果はここではニュートンの物理原理を用いて導いたが，ρ を全エネルギー密度を c^2 で割ったものだとすれば，宇宙の内容物が高度に相対論的であってもこれは実際に成り立つ．）

たとえば，もし H が 100 万光年について 15 km/sec という一般に受け入れられている値だとすれば，1 光年は 9.46×10^{12} km であるから

$$\rho_c = \frac{3}{8\pi(6.67\times 10^{-8}\text{ cm}^3/\text{g sec}^2)}\left(\frac{15\text{ km/sec}/10^6\text{ 光年}}{9.46\times 10^{12}\text{ 光年}}\right)^2$$
$$= 4.5\times 10^{-30}\text{ g/cm}^3$$

である.1グラムには 6.02×10^{23} 個の核子があるから,現在の臨界密度を与えるこの値は 1 cm^3 あたり約 2.7×10^{-6} 個の核子あるいは1リットルあたり約 0.0027 個の核子に対応する.

ノート3 膨張の時間スケール

次に,宇宙のパラメーターが時間とともにどう変わるかを考えよう.時刻 t において質量 m の典型的な銀河が,任意に選んだ中心の銀河たとえばわれわれの銀河系から $R(t)$ の距離にあるとしよう.前のノートで見たように,この銀河の全(運動 プラス ポテンシャル)エネルギーは

$$E = mR(t)^2\left[\frac{1}{2}H(t)^2 - \frac{4}{3}\pi\rho(t)G\right]$$

で与えられる.ここで $H(t)$ と $\rho(t)$ は,時刻 t におけるハッブル"定数"と宇宙の質量密度である.全エネルギーは本当に一定でなくてはならない.しかし以下で見るように $R(t)\to 0$ に伴って $\rho(t)$ は少なくとも $1/R(t)^3$ の速さで増大するので,$\rho(t)R(t)^2$ は $R(t)$ がゼロに近づくにつれて少なくとも $1/R(t)$ と同じ速さで増大する.エネルギー E が一定であるためには,したがってカッコ内の2項はほとんど打ち消さねばならないから,$R(t)\to 0$ に対しては

$$\frac{1}{2}H(t)^2 \to \frac{4}{3}\pi\rho(t)G.$$

特性膨張時間は単にハッブル定数の逆数であり,すなわち

$$t_{\exp}(t) \equiv \frac{1}{H(t)} = \sqrt{\frac{3}{8\pi\rho(t)G}}.$$

たとえば，第V章の第1フレームの時刻において，質量密度は $1\,\mathrm{cm}^3$ あたり 3.8×10^9 グラムであった．したがってそのときの膨張時間は

$$t_{\exp} = \sqrt{\frac{3}{8\pi(3.8 \times 10^9\,\mathrm{g/cm^3})(6.67 \times 10^{-8}\,\mathrm{cm^3/g\,sec^2})}}$$

$$= 0.022\,\mathrm{sec}.$$

さて，$R(t)$ に伴って $\rho(t)$ はどのように変化するのだろう？ もし質量密度が主として核子の質量によるならば（物質優勢の時代），半径 $R(t)$ でともに膨張する球内の全質量はその球内にある核子数にただ比例するから，一定に保たれなければならない：

$$\frac{4\pi}{3}\rho(t)R(t)^3 = 一定.$$

したがって $\rho(t)$ は $R(t)^3$ に逆比例し，

$$\rho(t) \propto 1/R(t)^3.$$

他方，もし質量密度が主として輻射のエネルギーに等価な質量によるならば（輻射優勢の時代），$\rho(t)$ は温度の4乗に比例する．しかし温度は $1/R(t)$ のように変わるから，$\rho(t)$ は $R(t)^4$ に逆比例し，

$$\rho(t) \propto 1/R(t)^4.$$

物質優勢および輻射優勢の時代を同時に扱えるために，これらの結果を私たちは

$$\rho(t) \propto [1/R(t)]^n$$

と書く．ただし

$$n = \begin{cases} 3 & 物質優勢の時代 \\ 4 & 輻射優勢の時代. \end{cases}$$

前に述べたように，$R(t) \to 0$ に対して $\rho(t)$ は少なくとも $1/R(t)^3$ と同じ速さで増大する．

ハッブル定数は $\sqrt{\rho}$ に比例するから，

$$H(t) \propto [1/R(t)]^{n/2}.$$

しかし典型的な銀河の速度は

$$V(t) = H(t)R(t) \propto [R(t)]^{1-n/2}.$$

速度が距離の巾に比例する場合には,ひとつの点から他の点に行くのに要する時間は,距離と速度の比の変化に比例することが微分計算の簡単な結果から知られる.速度 V が $R^{1-n/2}$ に比例するこの場合には,この関係は,

$$t_1 - t_2 = \frac{2}{n}\left[\frac{R(t_1)}{V(t_1)} - \frac{R(t_2)}{V(t_2)}\right],$$

あるいは

$$t_1 - t_2 = \frac{2}{n}\left[\frac{1}{H(t_1)} - \frac{1}{H(t_2)}\right].$$

われわれは $H(t)$ を $\rho(t)$ で表わすことができ,それを用いると

$$t_1 - t_2 = \frac{2}{n}\sqrt{\frac{3}{8\pi G}}\left[\frac{1}{\sqrt{\rho(t_1)}} - \frac{1}{\sqrt{\rho(t_2)}}\right].$$

こうして,n の値にかかわらず,経過した時間は密度の逆平方根の変化に比例する.

たとえば,電子と陽電子が消滅した後の輻射優勢の全時代にわたって,エネルギー密度は

$$\rho = 1.22 \times 10^{-35}[T(\mathrm{K})]^4 \mathrm{~g/cm^3}$$

で与えられる(ノート 6 を参照).また,ここで $n=4$ である.したがって,宇宙が 1 億度から 1000 万度に冷えるに要する時間は

$$t = \frac{1}{2}\sqrt{\frac{3}{8\pi(6.67\times10^{-8}\text{ cm}^3/\text{g sec}^2)}}$$

$$\times\left[\frac{1}{\sqrt{1.22\times10^{-35}\times10^{28}\text{ g/cm}^3}}\right.$$

$$\left.-\frac{1}{\sqrt{1.22\times10^{-35}\times10^{32}\text{ g/cm}^3}}\right]$$

$$= 1.90\times10^6 \text{ sec} = 0.06 \text{ 年}.$$

われわれの一般的な結果は，もっと簡単に表現することができる．すなわち，密度が ρ よりずっと大きい値から ρ にまで減少するに要する時間は

$$t = \frac{2}{n}\sqrt{\frac{3}{8\pi G\rho}} = \begin{cases} 1/2\, t_{\exp} & \text{輻射優勢} \\ 2/3\, t_{\exp} & \text{物質優勢} \end{cases}$$

で与えられる．(もし $\rho(t_2) \gg \rho(t_1)$ であれば，t_1-t_2 を与える公式で第2項は省略できる．) たとえば，3000 K においてフォトンとニュートリノの質量密度は

$$\rho = 1.22\times10^{-35}\times[3000]^4 \text{ g/cm}^3$$

$$= 9.9\times10^{-22} \text{ g/cm}^3$$

である．これは 10^8 K (あるいは 10^7 K，あるいは 10^6 K) における密度よりはるかに小さいから，初期の非常に高い温度から 3000 K に宇宙が冷えるのに要する時間は単に ($n=4$ とおいて)，

$$\frac{1}{2}\sqrt{\frac{3}{8\pi(6.67\times10^{-8}\text{ cm}^3/\text{g sec}^2)(9.9\times10^{-22}\text{ g/cm}^3)}}$$

$$= 2.1\times10^{13} \text{ sec} = 68 \text{ 万年}$$

と計算される．

上で示したように，宇宙の密度が初期の大きな値から ρ にま

で小さくなるに要する時間は $1/\sqrt{\rho}$ に比例するが，一方密度 ρ は $1/R^n$ に比例する．したがって時間は $R^{n/2}$ に比例し，言い換えると

$$R \propto t^{2/n} = \begin{cases} t^{1/2} & \text{輻射優勢の時代} \\ t^{2/3} & \text{物質優勢の時代.} \end{cases}$$

運動エネルギーとポテンシャル・エネルギーがともに非常に減少して，それぞれがその和である全エネルギーと同じ程度になりはじめるまでこの関係は成立する．

第II章で注意したように，開闢から t だけ経過した時点においては，ct 程度の距離のところに，そこより彼方からは情報がまったくわれわれに到達しない地平線がある．$t \to 0$ とともに $R(t)$ は地平線までの距離よりゆるやかに小さくなることがわかったから，充分に初期においては，与えられた任意の"典型的な"粒子は地平線の彼方にある．

ノート4 黒体輻射

プランク分布によれば，λ から $\lambda + d\lambda$ の狭い波長域において単位体積あたりの黒体輻射のエネルギー du は

$$du = \frac{8\pi hc}{\lambda^5} d\lambda \Big/ [e^{\left(\frac{hc}{kT\lambda}\right)} - 1]$$

で与えられる．ここで T は温度；k はボルツマンの定数 (1.38×10^{-16} erg/K)；c は光速度 (299729 km/sec)；e は定数で $2.718\cdots$；そして h はプランクの定数 (6.625×10^{-27} erg sec) で，この公式の成分としてもともとプランクにより導入されたものである．

長い波長に対しては，プランク分布の分母は

$$e^{\left(\frac{hc}{kT\lambda}\right)} - 1 \simeq \left(\frac{hc}{kT\lambda}\right)$$

で近似される．したがってこの波長域においてはプランク分布は

$$du = \frac{8\pi kT}{\lambda^4}d\lambda$$

となる．これはレイリー–ジーンズの公式である．もしこの公式がいくらでも短い波長にまで成立すれば，$\lambda \to 0$ に対して $du/d\lambda$ は無限大となり，黒体輻射の全エネルギー密度は無限大となってしまう．

幸いなことに，du に対するプランクの公式は波長

$$\lambda = 0.2014052\, hc/kT$$

で極大に達し，それより短波長に向かって急速に減少する．黒体輻射の全エネルギー密度は

$$u = \int_0^\infty \frac{8\pi hc}{\lambda^5}d\lambda \Big/ [e^{\left(\frac{hc}{kT\lambda}\right)}-1]$$

で与えられる．この種の積分はふつうの定積分表にあり，結果は

$$u = \frac{8\pi^5(kT)^4}{15(hc)^3} = 7.56464 \times 10^{-15}[T(\mathrm{K})]^4\,\mathrm{erg/cm^3}.$$

これがステファン–ボルツマンの法則である．

私たちはプランク分布を，光量子すなわちフォトンを使って容易に解釈することができる．それぞれのフォトンがもっているエネルギーは次の公式で与えられる．

$$E = hc/\lambda.$$

したがって，λ から $\lambda+d\lambda$ の狭い波長域において黒体輻射の単位体積あたりのフォトンの数 dN は

$$dN = \frac{du}{hc/\lambda} = \frac{8\pi}{\lambda^4}d\lambda \Big/ [e^{\left(\frac{hc}{kT\lambda}\right)}-1].$$

したがって単位体積あたりのフォトンの全数は

$$N = \int_0^\infty dN = 60.42198 \left(\frac{kT}{hc}\right)^3$$
$$= 20.28[T(\mathrm{K})]^3 \,フォトン/\mathrm{cm}^3$$

であり，平均のフォトン・エネルギーは
$$E_{平均} = u/N = 3.73 \times 10^{-16} [T(\mathrm{K})] \,\mathrm{erg}$$
となる．

さて，膨張宇宙において黒体輻射がどうなるかを考えてみよう．宇宙の大きさが因子 f だけ変わるとしよう；たとえば宇宙の大きさが2倍になれば，$f=2$ である．第II章で見たように，波長は宇宙の大きさに比例して次の新しい値に変わる．
$$\lambda' = f\lambda.$$
膨張の後で，λ' から $\lambda'+d\lambda'$ の新しい波長域におけるエネルギー密度 du' は，λ から $\lambda+d\lambda$ の古い波長域における初めのエネルギー密度 du より2つの異なる理由で小さい：

1. 宇宙の体積は f^3 の因子だけ増大したから，フォトンが生成も破壊もされない限り，単位体積あたりのフォトンの数は $1/f^3$ の因子だけ減少した．

2. それぞれのフォトンのエネルギーはその波長に逆比例するから，$1/f$ の因子だけ減少する．したがってエネルギー密度は全体では $1/f^3$ 掛ける $1/f$，すなわち $1/f^4$ の因子だけ減少することになる：
$$du' = \frac{1}{f^4} du = \frac{8\pi hc}{\lambda^5 f^4} d\lambda \Big/ [e^{\left(\frac{hc}{kT\lambda}\right)} - 1].$$
もしこの公式を新しい波長 λ' を用いて書き直すと，
$$du' = \frac{8\pi hc}{\lambda'^5} d\lambda' \Big/ [e^{\left(\frac{hcf}{kT\lambda'}\right)} - 1].$$
しかしこれは，λ と $d\lambda$ を用いた du に対する古い公式と，T が新しい温度

$$T' = T/f$$

で置き換えられたことを除いて厳密に同じである.こうして私たちは,自由に膨張している黒体輻射は,膨張のスケールに逆比例して降下する温度をもつプランクの公式で記述されつづけると結論する.

ノート5 ジーンズ質量

物質の固まりが重力的に束縛された系をつくるためには,その重力的ポテンシャル・エネルギーがその内部熱エネルギーを超えることが必要である.半径 r,質量 M の固まりの重力的ポテンシャル・エネルギーは

$$P.E. \approx -\frac{GM^2}{r}$$

の程度である.単位体積あたりの内部エネルギーは圧力 p に比例するから,全内部エネルギーは

$$I.E. \approx pr^3$$

の程度である.したがって,もし

$$\frac{GM^2}{r} \gg pr^3$$

であれば重力的に固まることには都合がよい.与えられた密度 ρ に対しては,次の関係から r を M で表わすことができる.

$$M = \frac{4\pi}{3}\rho r^3.$$

したがって上の条件は次のように書くことができるだろう.

$$GM^2 \gg p(M/\rho)^{4/3}$$

あるいは

$$M \gg M_J.$$

ここで M_J は(本質的でない数値因子の範囲で)ジーンズ質量

として知られている量である：
$$M_J = \frac{p^{3/2}}{G^{3/2}\rho^2}.$$
例えば水素が再結合する直前には，質量密度は 9.9×10^{-22} g/cm³ であり（ノート3を参照），圧力は
$$p \simeq \frac{1}{3}c^2\rho = 0.3 \text{ g/cm sec}^2$$
であった．したがってジーンズ質量は
$$M_J = \left(\frac{0.3 \text{ g/cm sec}^2}{6.67 \times 10^{-8} \text{ cm}^3/\text{g sec}^2}\right)^{3/2} \left(\frac{1}{9.9 \times 10^{-22} \text{ g/cm}^3}\right)^2$$
$$= 9.7 \times 10^{51} \text{ gm} = 5 \times 10^{18} M_\odot.$$
ここで $M_\odot$ は太陽質量である．（比較のために，われわれの銀河系の質量は約 $10^{11} M_\odot$ である．）再結合後には，圧力は 10^9 の因子だけ減少したので，ジーンズ質量は
$$M_J = (10^{-9})^{3/2} \times 5 \times 10^{18} M_\odot = 1.6 \times 10^5 M_\odot$$
に減少した．これがおよそ，われわれの銀河系内の大きな球状星団の質量であることは興味深い．

ノート6 ニュートリノの温度と密度

熱平衡が保たれている限り，"エントロピー"と呼ばれる量全体の値は変わらない．われわれの目的には，単位体積あたりのエントロピー S は，温度 T においては十分な近似で
$$S \propto N_T T^3$$
で与えられる．N_T は，しきい温度が T 以下であるような熱平衡にある粒子の種類の有効な数である．全エントロピーを一定に保つためには，S は宇宙の大きさの3乗に逆比例しなくてはならない．すなわち，もし典型的な1対の粒子間の距離を R とすれば，

$$SR^3 \propto N_T T^3 R^3 = 一定.$$

電子と陽電子が消滅する直前には（約 5×10^9 K で），ニュートリノと反ニュートリノはすでに宇宙の残りのものとは熱平衡でなくなってしまっており，したがって熱平衡にあった豊富な粒子は電子，陽電子，そしてフォトンであった．274ページの表1によれば，消滅前における粒子の種類の有効な全数は

$$N_{前} = \frac{7}{2} + 2 = \frac{11}{2}$$

であった．

一方，第4フレームで電子と陽電子が消滅した後では，平衡にある豊富な粒子として残っているのはフォトンだけであった．そこで粒子の種類の有効数は単に

$$N_{後} = 2.$$

そこでエントロピーの保存から

$$\frac{11}{2}(TR)^3_{前} = 2(TR)^3_{後},$$

すなわち，電子と陽電子の消滅で発生した熱は TR という量を

$$\frac{(TR)_{後}}{(TR)_{前}} = \left(\frac{11}{4}\right)^{1/3} = 1.401$$

の因子だけ増大させる．

電子と陽電子の消滅前には，ニュートリノ温度 T_ν はフォトン温度 T と同じであった．しかしその後は，T_ν は単に $1/R$ のように減少し，したがってその後はずっと $T_\nu R$ は消滅前の TR の値に等しかった：

$$(T_\nu R)_{後} = (T_\nu R)_{前} = (TR)_{前}.$$

したがって消滅の過程が終わった後では，フォトン温度はニュートリノ温度より次の因子だけ高いと結論する．

$$(T/T_\nu)_{後} = \frac{(TR)_{後}}{(T_\nu R)_{後}} = \left(\frac{11}{4}\right)^{1/3} = 1.401.$$

熱平衡ではなくなるが,ニュートリノと反ニュートリノは宇宙のエネルギー密度には重要な寄与をする.ニュートリノと反ニュートリノの種類の有効数は7/2で,フォトンの種類の有効数の7/4倍である.(フォトンのスピン状態は2つある.)一方,ニュートリノ温度の4乗は,フォトン温度の4乗より$(4/11)^{4/3}$の因子だけ小さい.したがって,ニュートリノと反ニュートリノのエネルギー密度とフォトンのエネルギー密度の比は

$$\frac{u_\nu}{u_\gamma} = \frac{7}{4}\left(\frac{4}{11}\right)^{4/3} = 0.4542.$$

ステファン–ボルツマンの法則(ノート4参照)によれば,フォトン温度Tにおいてフォトンのエネルギー密度は

$$u_\gamma = 7.5646 \times 10^{-15}\,\mathrm{erg/cm^3} \times [T(\mathrm{K})]^4.$$

したがって電子–陽電子消滅後の全エネルギー密度は

$$u = u_\nu + u_\gamma = 1.4542 u_\gamma$$
$$= 1.100 \times 10^{-14}\,\mathrm{erg/cm^3} \times [T(\mathrm{K})]^4.$$

私たちは光速度の2乗で割ることによって,これを質量密度に換えることができる.すなわち

$$\rho = u/c^2 = 1.22 \times 10^{-35}\,\mathrm{g/cm^3} \times [T(\mathrm{K})]^4.$$

もっと勉強したい人のために

A. 宇宙論と一般相対論

　以下の本は，この本より一般にもっと専門的な水準で，宇宙論の種々な側面や一般相対論のなかで宇宙論に関連した分野への手引きとなるものである．

Bondi, H. *Cosmology* (Cambridge University Press, Cambridge, England, 1960). 現在では多少古いが，宇宙原理，定常宇宙論，オルバースのパラドックス，等々について興味深い議論がある．非常に読みやすい．

Eddington, A.S. *The Mathematical Theory of Relativity*, 2nd ed. (Cambridge University Press, Cambridge, England, 1924). 長年にわたって一般相対論に関する指導的な本であった．赤方偏移，ド・ジッター・モデル，等々に関する歴史的に興味深い初期の議論がある．

Einstein, A., et al. *The Principle of Relativity* (Methuen and Co., Ltd., London, 1923; reprinted by Dover Publications, Inc., New York). アインシュタイン，ミンコウスキー，およびワイルによる特殊および一般相対論に関するオリジナルな論文を英訳したものの貴重なリプリント．アインシュタインの1917年の宇宙論に関する論文のリプリントも含む．

Field, G.B.; Arp, H.; and Bahcall, J.N. *The Redshift Controversy* (W.A.Benjamin, Inc., Reading, Mass., 1973). 赤方偏移を宇宙論的後退によって解釈することに関するすぐれた

討論,および原論文の有用なリプリント.

Hawking, S.W., and Ellis, G.F.R. *The Large Scale Structure of Space-Time* (Cambridge University Press, Cambridge, England, 1973). 宇宙論および重力崩壊における特異点の問題の厳密な数学的取扱い.

Hoyle, Fred. *Astronomy and Cosmology——A Modern Course* (W.H.Freeman & Co., San Francisco, 1975). 初歩的な天文学教科書で,宇宙論にふつうより重点をおいている.数学はほとんど用いていない.

Misner, C.W.; Thorne, K.S.; and Wheeler, J.A. *Gravitation* (W.H.Freeman & Co., San Francisco, 1973). 3人の指導的学者による,一般相対論への現時点での包括的な入門書.宇宙論について多少の議論あり.

O'Hanian, Hans C. *Gravitation and Space Time* (Norton & Company, New York, 1976). 学部学生に対する相対論と宇宙論の教科書.

Peebles, P.J.E. *Physical Cosmology* (Princeton University Press, Princeton, 1971). 観測的背景を重視した権威ある一般入門書.

Sciama, D.W. *Modern Cosmology* (Cambridge University Press, Cambridge, England, 1971). 宇宙論および天体物理学の他の話題についての非常に読みやすい広範囲の入門書."数学と物理学の多少の知識しかもっていない読者に理解できる"水準で書かれ,数式は最小限にとどめてある.

Segal, I.E. *Mathematical Cosmology and Extragalactic Astronomy* (Academic Press, New York, 1976). 現代宇宙論に関する,異端であるが思考力を刺激する観点の一例として.

Tolman, R.C. *Relativity, Thermodynamics, and Cosmology* (Clarendon Press, Oxford, 1934). 長年にわたって宇宙論の標準的な論述であった.

Weinberg, Steven. *Gravitation and Cosmology: Principles and Applications of the General Theory of Relativity* (John Wiley & Sons, Inc., New York, 1972). 一般相対論への一般的入門書. 約3分の1は宇宙論に関する. これ以上のコメントは遠慮する.

B. 現代宇宙論の歴史

以下にあげたものには, 現代宇宙論の歴史についての直接の資料と二次的なものの両方がある. これらの本の大部分は数学を用いていないが, 一部のものは物理学と天文学にある程度なれていることを前提としている.

Baade, W. *Evolution of Stars and Galaxies* (Harvard University Press, Cambridge, Mass., 1968). 1958年にバーデが行なった講義で, C. ペイン・ガポシュキンによってテープから編集された. 銀河系外の距離尺度の発展を含む, 今世紀における天文学発展についてのきわめて個人的な報告である.

Dickson, F.P. *The Bowl of Night* (M.I.T. Press, Cambridge, Mass., 1968). タレスからガモフに至る宇宙論. 夜空の暗さについてのドゥ・シュゾーとオルバースの原論文のファクシミリを含む.

Gamow, George. *The Creation of the Universe* (Viking Press, New York, 1952). 内容は古いが, 1950年頃のガモフの観点を述べたものとして価値がある. 彼のいつもの魅力をもって書かれた一般向けの本. 伏見康治訳『宇宙の創造 (ガモフ全集第7)』(白楊社).

Hubble, E. *The Realm of the Nebulae* (Yale University Press, New Haven, 1936; reprinted by Dover Publications, Inc., New York, 1958). 赤方偏移と距離の関係の発見を含む, 銀河 (星雲) の天文学的探索に関するハッブルの古典的な報告. もとも

と 1935 年にエール大学でシリマン講演として行なわれたものである. 戎崎俊一訳『ハッブル 銀河の世界』(岩波文庫).

Jones, Kenneth Glyn. *Messier Nebulae and Star Clusters* (American-Elsevier Publishing Co., New York, 1969). メシエ表とそこに載せてある天体の観測に関する歴史的覚え書き.

Kant, Immanuel. *Universal Natural History and Theory of the Heavens.* translated by W. Hasties (University of Michigan Press, Ann Arbor, 1969). 星雲をわれわれ自身の銀河系のような銀河と解釈することについてのカントの有名な研究. M.K. ミューニッツによる有用な序論と, 銀河に関するトマス・ライトの理論についての当時の報告を含む.

Koyré, Alexandre. *From the Closed World to the Infinite Universe* (Johns Hopkins Press, Baltimore, 1957; reprinted by Harper & Row, New York, 1957). ニコラウス・クザヌスからニュートンに至る宇宙論. 絶対空間および恒星の起源に関するニュートンとベントレーの書簡について, 有用な抜粋を含む興味深い記述がある. 野沢協訳『コスモスの崩壊 閉ざされた世界から無限の宇宙へ』(白水社).

North, J. D. *The Measure of the Universe* (Clarendon Press, Oxford, 1965). 19 世紀から 1940 年代までの宇宙論. 相対論的宇宙論の発端についての非常に詳細な記述がある.

Reines, F., ed. *Cosmology, Fusion, and Other Matters: George Gamow Memorial Volume* (Colorado Associated University Press, 1972). ペンジャスによるマイクロ波背景の発見や, アルファとハーマンによる原子核合成の"ビッグバン"モデルの発展に関する, 貴重な直接の記述.

Schlipp, P.A., ed. *Albert Einstein: Philosopher-Scientist* (Library of Living Philosophers, Inc., 1951; reprinted by Harper & Row, New York, 1959). 第 2 巻に, アインシュタインの"宇宙定数"導入に関するルメートルの論述と, 相対論的

宇宙論についてのインフェルトの記述が含まれている.

Shapley, H., ed. *Source Book in Astronomy 1900-1950* (Harvard University Press, Cambridge, Mass., 1960). 宇宙論および天文学の他の分野についての原論文のリプリントであるが, 残念なことに多くは抄録である.

C. 素粒子物理学

第Ⅶ章で論じた素粒子物理学の広範囲にわたる最近の発展について, 数学を用いない水準で扱った本はまだない. 以下の論述はある種の手引きになるはずである.

Weinberg, Steven. "Unified Theories of Elementary Particle Interaction," *Scientific American*, July 1974. pp.50-59. 別冊サイエンス『特集 素粒子の世界』(藤井昭彦編) 所収 S・ワインバーグ "素粒子の相互作用に関する統一理論"(日本経済新聞社, 1976).

素粒子物理学のもっと包括的な入門書としては, 近く出版される:

Feinberg, G. *What is the World Made of ? The Achievements of Twentieth Century Physics* (Garden City: Anchor Press/Doubleday, 1977).

原論文に論及しての専門家向けに書かれた入門書としては, 次のいずれかを参照せよ:

Taylor, J.C. *Gauge Theories of Weak Interactions* (Cambridge University Press, Cambridge, England, 1976).

Weinberg, S. "Recent Progress in Gauge Theories of the Weak, Electromagnetic, and Strong Interactions," *Reviews of Modern Physics*, Vol. 46, pp. 255-277 (1974).

D. 雑

Allen, C.W. *Astrophysical Quantities*. 3rd ed. (The Athlone Press, London, 1973). 手ごろな天体物理学のデータと公式集.

Sandage, A. *The Hubble Atlas of Galaxies* (Carnegie Institute of Washington, Washington, D.C., 1961). 多数の銀河の美しい写真集で,ハッブルの分類系を説明するように組み立てられている.

Sturleson, Snorri. *The Younger Edda*, translated by R.B. Anderson (Scott, Foresman & Co., Chicago, 1901). 宇宙の始まりと終りについての別の見解.

文庫版あとがき

　この本の成立については，この文庫版に再録された『[新版] 宇宙の創成はじめの三分間』(1995 年)にある原著者の"序"(1976 年)と私の"訳者まえがき"(1977 年)，"新版にあたって"(1995 年)を読んでいただきたい．

　原著が出版されたのは 1977 年で，同じ年に日本語版も出版された．1965 年に宇宙マイクロ波背景輻射が発見されて，1946 年頃にガモフが提唱したビッグバン説が確立した中で，ビッグバン宇宙の発見と展開をかなり複雑な科学的アイデアを導入しながらもわかり易く述べたこの本は，世界中で多くの読者を獲得し，わが国でも多くの読者に読まれ，版を重ねた．

　その後 1982 年の時点で著者は簡単な追補を書き，これを加えて 1988 年に改訂版『ペーパーバック第 1 版』が出版された．その部分の訳を追加したのが『[新版] 宇宙創成はじめの三分間』(ダイヤモンド社，1995 年)である．わが国での出版は，原著者の追補が書かれてから 10 年以上が経過しており，その間に，宇宙輻射背景や銀河分布についてなど，宇宙の構造にかかわる重要な観測があり，一方インフレーション説の発展など素粒子宇宙論の分野でも多くの

研究が進められた．そこで［新版］の出版に当っては，佐藤文隆さんにお願いして「解題」を書いて頂いた．それには通常の解題に加え，著者の追補についてのコメントや，さらに 1995 年の時点において補足しておくべきことがらを書き加えていただいた．

一方著者は 1993 年に "1977 年以後の宇宙論" と題してかなり長文の "追補" と新たな "序文" を書き，これを加えて『ペーパーバック第 2 版』が出版された．今回，文庫版に収めるに当っては，この "追補" と "序文" を新たに加えた．また佐藤文隆さんは，［新版］に収録された「解題」をもとに，この文庫版のために現在の時点で手を入れて一部改訂して下さった．この場をかりて，厚くお礼を申し上げる次第です．

ビッグバン宇宙の発見と展開をテーマとしたこの本は，科学分野の読み物として，古典としての地位を世界的に獲得した．ビッグバン説が確立した 1960 年代後半以来，わが国でも宇宙論をテーマにたくさんの本が出版されているが，この本を超える本はないのでは，といわれている．科学読み物として古典といわれるワインバーグのこの本が，『ペーパーバック第 2 版』のために著者が加えた追補を加えて今回文庫版として世に出ることは，30 年以上前にこの本を日本の読者に紹介した私としてもたいへんにうれしい．

2008 年 7 月　　　　　　　　　　　　　　　　　小尾　信彌

索　引

ア　行

アインシュタイン，A.　62, 99, 186
　——の $E=mc^2$ の公式　116
　——のモデル宇宙　62
　——の相対論　51, 122, 125
『アストロフィジカル・ジャーナル』　89
アダムス，W.S.　108
アープ，H.　58
天の川（銀河）　38
アメリカ航空宇宙局（NASA）　113
アメリカ物理学会　177
アル・サフィ，A.　39
アルファ，R.　88, 174, 180, 184
アンテナ温度と等価温度の違い　84
アンドロメダ座　39
アンドロメダ星雲（M31）　39, 80, 278
イオン　133
一様性　278
　宇宙論モデルにおける——　61
　宇宙の——　50, 169, 214
　——の原理　48
一般相対論　53, 62, 66, 278
　→アインシュタイン
異方性　218
インフレーション説　263
VHF帯　80
ウィスコンシン大学　204
ウィルキンソン，D.T.　89, 106, 215
ウィルソン，R.W.　78, 87, 95, 100, 103, 105, 176, 185
ウィルソン山天文台（ヘール天文台）　42
ウィルツェック，F.　198
ウォラストン，W.H.　34
渦巻き銀河　39
宇宙
　最初の3分間における——　147-159
　最初の 1/100 秒における——　189-209
　0.11秒後の——　153
　1.09秒後の——　153
　13.82秒後の——　155
　3分2秒後の——　156
　3分46秒後の——　159
　34分40秒後の——　159
　70万年後の——　160
　——の一様性　50, 169, 214
　——の大きさ　57, 73, 152
　——の収縮　211
　——の地平線　72
　——の等方性　49, 75, 169, 214
　——の年齢　56, 73, 150
　——の年齢の推定　59
　——の未来　27, 211-216
宇宙原理　47, 55, 63, 169, 278
宇宙定数　62, 278
宇宙線　22, 141, 165, 279
宇宙の温度　114, 126, 148-161, 213

34分40秒目の―― 159
最初の1/100秒より前の―― 204
最初の3分間における―― 148-156
最初の70万年目の―― 160
『宇宙の創造的理論あるいは新仮説』(ライト) 38
宇宙の膨張 30, 72, 207
　温度と―― 121
　――に関する誤解 65
　――の等方性 75
　バーコフの定理と―― 67
　輻射 86, 90, 104
宇宙背景探索衛星ニュースレター 113
宇宙マイクロ波輻射背景 90, 109, 161, 211, 218, 261
　――を観測する技術的可能性 178
　黒体輻射としての―― 111
　――が探索されなかった理由 179-187
　熱平衡と―― 105, 205
　――の等方性 111
　――の発見 77-86
　――の予測 173
　ビッグバン理論における―― 176
宇宙密度
　臨界の―― 211
　――の推定 72
宇宙モデル 62-70
　→標準モデル, 定常宇宙モデル
ウラン235 59
ウラン238 59
ウランの同位元素
　宇宙の年代測定と―― 59
ウールフ, N.J. 109
エータ中間子 193
エディントン, A. 63
エネルギー密度
　初期の宇宙の―― 128
　最初の3分間における―― 149
　最初の34分目の―― 160
　波長と―― 106
エルグ 100, 279
エントロピー 138, 215, 279
おおぐま座（銀河集団） 55
オストライカー, J.P. 72
おとめ座 46, 49, 54
　――集団 279
オーム, E.A. 184
オランダ王立アカデミー紀要 177
オリオン星雲（M42） 40
オングストローム単位 102, 279
温度
　1000億度より高い―― 190, 202, 214
　クォーク理論と―― 197
　収縮宇宙における―― 212
　熱平衡と―― 93, 132
　輻射優勢の時代における―― 121
　プランク分布と―― 96

カ 行

化学反応のエネルギー 100, 123
核子 131, 135, 139, 279
　――のエネルギー密度 131
　――の現在の密度 114, 175
　パイ中間子との相互作用 147
　ハドロンとしての―― 193
　輻射優勢の時代における――

121
　反核子との比 140
　→中性子，陽子
核子-フォトン比
　→フォトン-核子の比
核反応のエネルギー 101
カーツニッツ, D.A. 202
かに星雲（M1） 39
カペラ 35
ガモフ, G. 87, 174, 184, 261
カント, I. 40
ギッブス, W. 123
吸収線 109, 164
極大温度 280
銀河 24, 92, 280
　典型的な—— 47, 66
　——の運動 30, 47
　——の回転速度 220
　——の距離 54, 70
　——の形成 24, 112, 116, 160
　——の後退 54, 64
　——の赤方偏移 47, 58, 92
　——の速度 47, 56
　——の脱出速度 66
　ハッブルの法則と—— 47
銀河集団 50
銀河の質量 72
クォーク理論 196, 280
グース, A. 229, 263
クラーク, A.M. 41
グロス, D. 198
クロポフ 230
K-中間子 194
ゲージ理論 198, 201, 266, 280
ケフェウス型変光星 43, 70, 280
ケルヴィン温度 84, 281
ゲルマン, M. 196

原子
　——殻構造 128
　高温度における—— 135
　収縮宇宙における—— 213
　初期の宇宙における—— 21, 103, 160
　フォトンとの相互作用 90
原子核
　原子の形成における—— 24
　最初の3分間における—— 152, 157
　収縮宇宙における—— 213
　初期の宇宙における—— 21, 24, 86, 103, 135
　——と輻射の相互作用 86, 90
　——における強い相互作用 190
　——の平均自由時間 93
原子核合成 159, 162, 174, 213
　——の現在の理論 183
　——と恒星理論 181
原子核デモクラシー 194, 281
減速パラメーター 281
元素形成 162, 181, 266
ケンタウルス座ベータ星 164
ケンブリッジ大学 198
光合成 101
恒星 29
　ケフェウス型変光星 43
　収縮宇宙における—— 213
　中性子星 211
　電波雑音の小さい源としての—— 78
　ドップラー効果による距離の測定 35
　——における熱平衡 94
　——の色 33
　——の運動 29

——の起源についてのニュートン
　　　の理論　61
　　——の形成　24, 160
　　——の原子核反応　135
　　——の紫外スペクトル　164
　　——のスペクトル線　34
　見かけの光度　54
　連星　35
恒星進化と宇宙の年齢　59
『恒星の本』(アル・サフィ)　39
光速度　35, 51, 281
　宇宙の地平線と——　73
　特殊相対論における——　122
光年　281
黒色矮星　211
黒体輻射　96, 106, 121, 217, 281, 301
　——としてのマイクロ波輻射背景　111
　——のエネルギー密度　98, 102
　——の定性的性質　101
古典力学　98
コーネル大学　191
コペルニクス, N.　47
コペルニクス (人工衛星)　164
固有運動　30, 281
　距離の測定　35, 53
コリンズ, J.C.　198
ゴールド, T.　25

　　　　　サ　行

再結合　103, 282
サカロフ, A.　227
雑音　→電気的雑音, 電波雑音
サラム, A.　201
サルピーター, E.E.　180
酸素　134

サンデイジ, A.　55, 70
シアン (CN)　108, 282
シアン分子の回転状態　109
紫外吸収線　164
紫外線　86, 164
紫外輻射　282
しきい温度　124, 140, 149, 153, 282
磁気単極子　→モノポール
シグマ・ハイペロン　193
シャプレー, H.　43
周期光度関係　43, 56
重水 (HDO)　163
重水素 (デューテリウム)　24, 162, 282
　初期の宇宙における——　155, 162, 170
重力
　宇宙の膨張における——　57, 129
　初期の宇宙と——　203
　ニュートリノと——　143, 153
　——のアインシュタイン理論　62
　——のニュートン理論　61
　輻射としての——　206, 211
　フリードマン・モデルにおける
　　——　64
重力波　282
縮退　168
シュクロフスキー, I.S.　109
シュミット, M.　58
準星的天体 (クエーサー)　58, 165, 283
ジョンズ・ホプキンス大学　85
新エッダ　19, 25, 214
人工衛星　111
　コペルニクス　165
　エコー　77
ジーンズ, J.　107, 115

ジーンズ質量　115, 283, 304
振動数　283
水酸基イオン　133, 283
彗星　39
水素　86, 155, 161, 176, 283
　——イオン　72, 133
　現在の宇宙組成における——　86
　——原子　24, 100, 203
　——原子核　160, 181
スエス, H.　177
スタールソン, S.　19
スタンフォード線型加速器実験所　197
ステファン-ボルツマンの法則　103, 149, 283
ストラトン　197
スピン　223, 284
スペクトル
　紫外の——　164
　太陽の——　34
　へびつかい座ゼータ星の——　108
スライファー, V. M.　46
星雲　39, 284
　アンドロメダ　39
　おとめ座　49
　オリオン　40
　へびつかい　108
静止エネルギー　122, 284
青方偏移　212, 284
赤外線天文学　107
赤外輻射　101, 284
赤方偏移　284
　アインシュタインのモデルにおける——　62
　カペラの——　35
　銀河（星雲）の——　47
　クエーサーの——　58
　光波と——　60
　収縮宇宙における——　212
　——と距離の関係　71
　ド・ジッターのモデルにおける——　62
　ニュートリノ波長と——　154
　——の効果　104
　——の異なる解釈　57
　フォトン波長と——　121
絶対光度　43, 70, 284
ゼルドヴィッチ, Ya. B.　88, 176, 185, 199, 230
漸近的自由　199, 285
相対論
　一般——　53, 62, 66, 69
　特殊——　51, 126
相転移　228, 263, 285
　初期の宇宙における——　200
素粒子の強い相互作用　190, 286

タ 行

対称性　228
太陽
　——の温度　101, 125
　——の起源についてのニュートンの理論　61
　——の重水素　163
　——のスペクトル　33
　——のニュートリノの放射　143
　——の光の波長　101
　——のヘリウム　161
太陽系　29, 38
　銀河系における位置　38
　——の運動　46
楕円銀河（星雲）　40
ダークマター　222, 266

ターケヴィッチ, A. 180
脱結合 264
ターナー, K. 85
炭素 108, 181
地球
　――の年齢 59
　――の大気 107
　――の運動 112
窒素 108
地平線 72, 204, 263, 285
チャンドラセカール, S. 262
チュー, G. 194
中間子（メソン）285
中性カレント 201
中性子 114, 131, 135, 143, 193, 285
　安定なバリオンとしての――
　　139
　クォーク・モデルにおける――
　　197
　最初の3分間における―― 23,
　　151, 156
　収縮宇宙における―― 213
　強い相互作用と―― 190
　ビッグバン理論における――
　　175
中性子星 211
中性子崩壊 138, 200
中性子-陽子のバランス 157, 168,
　175
超弦理論 265
超新星 42, 165, 181, 285
月 29, 34, 38
冷たい負荷 79, 111
ツワイク, G. 196
定常宇宙モデル 25, 59, 183, 215,
　286
定常理論 71

ディッケ, R.H. 88, 178, 214
テイラー, R.J. 88, 176, 183
ディラック, P.A.M. 126, 230
鉄 34
『天界の一般自然史および理論』（カント）40
電気的雑音 78
典型的な銀河 47, 65, 286
電子 103, 124, 149, 286
　最初の3分間における―― 22,
　　156, 189
　散乱の割合の計算 191
　収縮宇宙における―― 213
　強い相互作用と―― 193
　――の熱運動 83
　ビッグバン理論における――
　　176
　フォトンと―― 92
　輻射優勢の時代における――
　　121
　――捕獲 114
　レプトン数における―― 144
　レプトンとしての―― 136
電子ボルト 100, 123, 286
電波雑音 78, 83
電波天文学 78, 106, 184
統一理論 265
　電弱―― 265
ドゥ・ヴォークルール, G. 219
等価温度 84, 96
　マイクロ波輻射背景の―― 86,
　　106, 113
統計力学 94, 101, 123, 134, 148,
　185, 205
　フォトンのエネルギーと――
　　101
　ボルツマンの定数と―― 123

等方性 286
  宇宙の—— 50, 75, 169
  宇宙論モデルにおける—— 62
  輻射背景における—— 111
特異速度 219
特殊相対論 51, 122, 126, 287
特性膨張時間 56, 150, 154, 160, 287
閉じた宇宙 69, 163
ド・ジッター, W. 62
  ——の宇宙モデル 63
土星 35
ドップラー, J.C. 32
ドップラー効果 32, 287, 294
  銀河（星雲）の—— 46
  赤方偏移と—— 58
  ——による距離の測定 35
  ——による速度の測定 46
  星の色と—— 33
ドップラー偏移による速度の測定 35
トフーフト, G. 202, 230
朝永振一郎 267
トリチウム（3重水素, H^3） 156, 282
トレメイン, S.D. 72

ナ 行

ナトリウム 34
ニュートリノ 136, 142, 149, 175, 189, 221, 287, 305
  ——の特性 142
  ——の宇宙背景 167, 211
  ——の検出 179
  最初の3分間における—— 23, 149
  最初の34分間における—— 160
  レプトンとしての—— 193
  ——の現在の温度 166
  ——の型 137
  ——の存在量 205
ニュートン, I. 61, 66, 115, 186
ニュートンの定数 287
熱平衡 127, 139, 145, 288
  宇宙の進化における—— 95
  ——の説明 93, 132
  最初の0.11秒における—— 153
  最初の1.09秒における—— 153, 204
  最初の1/100秒間における—— 148
  重力輻射と—— 207
  ニュートリノの—— 151, 166
  中性子 - 陽子のバランスにおける—— 159
  輻射と—— 105, 107
  温度と—— 93

ハ 行

パイ中間子 189, 288
  しきい温度 193
  ——の特徴 147
  ハドロンとしての—— 194
ハイペロン 135, 193
パウリ, W. 144, 179
パウリの排他律 128, 288
パーカー, L. 204
パーク, B. 85
バーコフ, G.D. 66
バーコフの定理 67
パーセック 288
ハッギンス, W. 34
ハッブル, E. 42, 53, 63, 70

ハッブル定数 55, 68, 212, 219
　特性膨張時間と—— 56, 150
　宇宙の大きさと—— 152
ハッブルの法則 47, 68, 289
ハッブル・プログラム 70
バーデ, W. 43, 56
ハドロン 289
　新しい発見 201
　——と強い相互作用 193
　——のクォーク理論 196
　——の原子核デモクラシー 194
　レプトンとの違い 193
バーナード星 29
ハーバード大学 72, 198
ハーバード大学天文台 42
バービッジ, M. 181
バービッジ, G. 181
ハーマン, R. 88, 174, 184
ハミルトン山天文台 55
林忠四郎 175, 269
バリオン数 135, 289
　初期の宇宙における—— 148
　——の密度 167, 221
　フォトンあたりの—— 139, 142, 146
パルマー物理研究室（プリンストン） 89
パロマ天文台（ヘール天文台） 55, 58
反原子核 141
反中性子 131, 136, 139
反電子 125
反ニュートリノ 136, 142, 160, 175
反ハイペロン 136
反バリオン 136, 145
反物質 131, 139–146
反ミュー粒子 126, 136

反陽子 126, 131
　安定なバリオンとしての—— 139
　宇宙線中の—— 141
　——の検出 179
反粒子 124, 130, 289
　核子との比 140
　——のレプトン数 142
反レプトン 145
非アーベル・ゲージ理論 198, 201
光
　初期の宇宙における—— 60
　——の量子論 122
　輻射としての—— 86
　→フォトン
微細構造定数 193, 289
ヒッグス場 267
ビッグバン理論 20, 174, 183, 261, 289
　——における原子核合成 87, 180
ピープルス, P.J.E. 85, 161, 176, 215
非ユークリッド幾何学 62
標準モデル 8, 161
　宇宙原理としての—— 169
　——出現の前提 59
　——における宇宙の未来 211
　——の仮定 145
　——検証としてのニュートリノ背景 167
　——の証拠 25
　まとめ 21–27
開いた宇宙 69, 165
ファインマン, R. 191
ファインマン図形 191, 202, 290
ファウラー, W. 161, 181
ファン, K. 196

フィールド, G. 72, 109
フェルミ, E. 180
フォトン 22, 90, 98, 108, 189, 290
　——あたりのバリオン数 139, 146
　——あたりのレプトン数 146
　クォーク理論における—— 197
　最初の3分間における—— 149
　最初の34分目における—— 160
　最初の70万年目における—— 92
　収縮宇宙における—— 212
　——とエントロピー 138
　——と吸収線 109
　——のエネルギー 103
　——のスピン 128
　——の波長 100, 117
　輻射としての—— 95, 98
　輻射優勢の時代における—— 119
　——の平均自由時間 93
　——の密度 115, 138, 141
　量子論における—— 90, 120
フォトン-核子の比 116, 161, 178, 183
　可能な値の表 163
　現在の宇宙における—— 114, 170
　重水素存在量と—— 163
　定常理論における—— 215
　——の重要性 116
　輻射優勢の時代における—— 121
フォリン, J.W. 175, 180
輻射 86
　初期の宇宙における—— 87
　熱平衡における—— 95
　→黒体輻射
　——背景 86, 106, 111, 218
　→宇宙マイクロ波輻射背景
　量子的にみた—— 90
輻射圧 115
輻射優勢の時代 119
物質の安定性 225
物質優勢の時代 117
フマーソン, M. 55
フラウンホーファー, J. 33
ブラックホール 211, 262
プランク, M. 96
プランクスペクトル 268
プランクの黒体輻射の公式 104
プランクの定数 290
プランク分布 96, 107, 290
フリードマン, A. 64
フリードマン・モデル 64, 290
プルトニウム 101
プレアデス (M45) 40
分子 21, 108, 131, 163, 213
　——と強い相互作用 193
平均自由行路 290
ヘイジドーン, R. 195
平坦性 263
ベータ崩壊 136
ベーテ, H. 181
ベバトロン 179
へびつかい座 107
ベリー, M.J. 198
ヘリウム 290
　液体—— 79, 111
　現在の宇宙における—— 161, 184, 205
　初期の宇宙における—— 87, 155–166, 170
　ビッグバン理論における——

176, 180
ヘリウム 3 (He^3) 155, 164
『ベル・システム技術集報』 184
ベル電話研究所 77, 80, 85, 88, 106
ヘール天文台 58
ペンジャス, A.A. 78, 87, 95, 100, 103, 105, 161
ベントレイ, R. 61
ボイス・バロット, C.H.D. 32
ホイル, F. 25, 88, 161, 176, 181
ホウ素 166
膨張の時間スケール 297
ホーキング, S.W. 265
保存則 223, 291
保存量 134
北極星 29
ポリッツァー, H.D. 198
ボルツマン, L. 123
ボルツマンの定数 123, 126, 151, 291
ボンディ, H. 25

マ　行

マイクロ波雑音 80, 96, 105
マイクロ波輻射 80, 90, 173, 291
　収縮宇宙における—— 213
　——の起源 103
マクスウェルの理論 135
マザー, J. 113
マサチューセッツ工科大学 (MIT) 85, 113, 178, 196, 197
マッケラー, A. 108
見えない質量 221
見かけの光度 43, 54, 70, 291
ミズナー, C. 170
ミックス・マスター・モデル 170
密度 291

ミュー粒子 126, 136, 144, 147, 291
　レプトンとしての—— 193
ミルン, E.A. 47
無限宇宙 64
メシエ, C. 39
メシエ表 39, 50
　——番号 292
メリーランド大学 170
モノポール 230, 266

ヤ　行

有限宇宙 21, 70, 152
　宇宙密度と—— 212
　——における重力 61
　——における電荷 138-139
　フリードマン・モデルにおける
　　—— 64
有限空間 61
ユーレー, H. 177
陽子 126, 135, 189, 292
　クォーク・モデルにおける—— 197
　最初の数分後における—— 131
　最初の 3 分間における—— 23, 150
　最初の 34 分目における—— 159
　収縮宇宙における—— 213
　強い相互作用と—— 190
　→中性子 - 陽子のバランス
　——のフォトンに対する比 114
　——の密度 114
　バリオンとしての—— 135, 139
　ヘリウム核と—— 180-181
　——崩壊 226, 266
陽電子 (ポジトロン) 124, 127, 136, 149, 175, 213, 292
　最初の 1/100 秒における——

149
　　最初の3分間における―― 23, 151
　　最初の34分間における―― 160
　　――の発見 126, 179
吉村太彦 227
弱い相互作用 200, 292
「4080メガサイクル/秒における過剰アンテナ温度の測定」(ペンジアスとウィルソン) 89

ラ 行

ライト, T. 38
ラザフォード, L. 59
ラムダ・ハイペロン 193
リー, B. 202
リーヴィット, H.S. 43
リーヴィット-シャプレーの周期光度関係 56
リチウム 166
粒子-反粒子対 125, 141
りょうけん座 41
量子 98, 108, 122
量子宇宙論 265
量子力学 98, 214, 292
量子論 22, 90, 99, 198
臨界温度 292

臨界密度 72, 114, 221, 293, 295
　　フリードマン・モデルにおける―― 65
　　ハッブル定数と―― 65
リンデ, A.D. 202
ルメートル 10
レイリー卿 107
レイリー-ジーンズの法則 293
レイリー-ジーンズ分布 97
レイリー-ジーンズ領域 107
レプトン 136, 193, 293
レプトン数 136, 144, 148, 151, 223
　　――密度 142, 167
レベデフ物理学研究所(モスクワ) 202
ローウェル天文台 46
ロー中間子 194, 199, 293
ロッキャー, J.N. 161
ロール, P.G. 88, 89, 106, 215
ローレンス・バークレー研究所 131

ワ 行

ワイス, R. 113
ワインバーグ-サラム理論 201, 261
ワゴナー, R. 161

本書は、一九九五年二月九日、ダイヤモンド社より刊行された『新版 宇宙創成はじめの三分間』に、「ペーパーバック第2版の序」および「原著者追補2」を増補したものである。

新 物理の散歩道 第5集

宇宙創成はじめの3分間　S・ワインバーグ　小尾信彌訳

ワインバーグ量子力学講義（上）　S・ワインバーグ　岡村浩訳

ワインバーグ量子力学講義（下）　S・ワインバーグ　岡村浩訳

精神と自然　ヘルマン・ワイル　ピーター・ペジック編　岡村浩訳

知るということ　渡辺慧

確率微分方程式　渡辺信三

クリップで蚊取線香の火は消し止められる? バイオリンの弦の動きを可視化する顕微鏡とは? ごたえのある物理エッセイ。〈鈴木増雄〉

ビッグバン宇宙論の謎にワインバーグが挑む! 開闢から間もない宇宙の姿を一般の読者に向けて明快に論じた科学読み物の古典。解題＝佐藤文隆

ノーベル物理学賞受賞者が後世に贈る、晩年の名講義。上巻は歴史的展開や量子力学の基礎的原理、スピンなどについて解説する。本邦初訳。

「対称性」に着目した、エレガントな論理展開。下巻では近似法、散乱の理論などから量子鍵配送や量子コンピューティングの最近の話題まで。

数学・物理・哲学に通暁し深遠な思索を展開したワイル。約四十年にわたる歩みを講演ならではの読みやすい文章で辿る。年代順に九篇収録、本邦初訳。

時の流れを知るとはどういうこと? 「エントロピー」「因果律」「パターン認識」などを手掛かりに、知覚の謎に迫る科学哲学入門。〈村上陽一郎〉

ブラウン運動のような偶然現象はいかにして定式化されるか。広い応用範囲をもつ確率微分方程式の理論を解説した名著。〈重川一郎〉

ロゲルギスト

ルベグ積分入門	吉田洋一	ルベグ積分ではなぜいけないのか。反例を示しつつ、ルベグ積分誕生の経緯と基礎理論を丁寧に解説。いまだ古びない往年の名教科書。(赤攝也)
微分積分学	吉田洋一	基本事項から初等関数や多変数の微積分、微分方程式などを、具体例と注意すべき点を挙げて丁寧に叙述。長年読まれ続けてきた大定番の入門書。(赤攝也)
私の微分積分法	吉田耕作	ニュートン流の考え方にならうと微積分はどのように展開される？　対数・指数関数、三角関数から微分方程式式、数値計算の話題まで。(俣野博)
力学・場の理論	L・D・ランダウ/E・M・リフシッツ　好村滋洋/井上健男訳	圧倒的に名高い「理論物理学教程」に、ランダウ自身が構想した入門篇があった！　幻の名著『力学』『場の古典論』大教程2巻をもとに新構想の別版。(江沢洋)
量子力学	L・D・ランダウ/E・M・リフシッツ　水戸巖ほか訳	非相対論的量子力学から相対論的理論までを、簡潔で美しい理論構成で登る入門教科書。大教程2巻を元にした新構想の別版。(山本義隆)
幾何学の基礎をなす仮説について	ベルンハルト・リーマン　菅原正巳訳	相対性理論の着想の源泉となった、リーマンの記念碑的講演。ヘルマン・ワイルの格調高い序文・解説とミンコフスキーの論文「空間と時間」を収録。(呉智英)
新　物理の散歩道　第2集	ロゲルギスト	ゴルフのバックスピンは芝の状態に無関係、昆虫の羽ばたきコマの不思議、流れ模様など意外な展開と多彩な話題の科学エッセイ。(米沢富美子)
新　物理の散歩道　第3集	ロゲルギスト	高熱水蒸気の威力、魚が銀色に輝くしくみ、コマが起ちあがる力学。身近な現象にひそむ「物の理」を探求するエッセイ。(米沢富美子)
新　物理の散歩道　第4集	ロゲルギスト	上りは階段・下りは坂道が楽という意外な発見、模型飛行機のゴムのこぶの正体などの話題から、物理学者ならではの含蓄の哲学まで。(下村裕)

重力と力学的世界(上) 山本義隆

〈重力〉理論完成までの思想的格闘の跡を丹念に辿り、先人の思考の核心に肉薄する壮大な力学史。上巻は、ケプラーからオイラーまでを収録。

重力と力学的世界(下) 山本義隆

西欧近代において、古典力学はいかなる世界を発見し、いかなる世界像を作り出し、そして何を切り捨ててきたのか。歴史形象としての古典力学。

演習詳解 力学[第2版] 江沢洋/中村孔一/山本義隆

一流の執筆陣が妥協を排し世に送った最高の演習書。練り上げられた問題と丁寧な解答は知的刺激に溢れ、力学の醍醐味を存分に味わうことができる。

数学がわかるということ 山口昌哉

非線形数学の第一線で活躍した著者が〈数学とは〉をしみじみと、〈私の数学〉を楽しげに語る異色の数学入門書。(野﨑昭弘)

カオスとフラクタル 山口昌哉

ブラジルで蝶が羽ばたけば、テキサスで竜巻が起こる?カオスやフラクタルの非線形数学の不思議をさぐる本格的入門書。

大学数学の教則 矢崎成俊

高校から大学の数学では、大きな断絶があります。この溝を埋めるべく企図された、自分の中の数学を芽生えさせる「大学数学の作法」指南書。

数学文章作法 基礎編 結城浩

レポート・論文・プリント・教科書など、数式まじりの文章を正確で読みやすいものにするには?『数学ガール』の著者がそのノウハウを伝授!

数学文章作法 推敲編 結城浩

ただ何となく推敲していませんか?語句の吟味・全体のバランス・レビューなど文章をより良くするために効果的な方法を、具体的に学びましょう。

数学序説 吉田洋一/赤攝也

数学は嫌いだ、苦手だという人のために。幅広いトピックを歴史に沿って解説。刊行から半世紀以上にわたり読み継がれてきた数学入門のロングセラー。

書名	著者	内容
ベクトル解析	森 毅	1次元線形代数から多次元へ、1変数の微積分から多変数へ。応用面をも重要性を軸に展開するユニークなベクトル解析のココロ。
対談 数学大明神	森 毅 安野光雅	数楽的センスの大饗宴！ 読み巧者の数学者と数学ファンの画家が、とめどなく繰り広げる興趣つきぬ数学談義。（河合雅雄・亀井哲治郎）
線型代数	森 毅	理工系大学生必須の線型代数を、その生態のイメージと意味のセンスを大事にしつつ、基礎的な概念をひとつひとつユーモアを交え丁寧に説明する。
新版 数学プレイ・マップ	森 毅	一刀斎の案内で数の世界を気ままに歩き、勝手に遊ぶ数学エッセイ。「微積分の七不思議」「数学の大いなる流れ」他三篇を増補。
フィールズ賞で見る現代数学	マイケル・モナスティルスキー 眞野元 訳	「数学のノーベル賞」とも称されるフィールズ賞。その誕生の歴史、および第一回から二〇〇六年までの歴代受賞者の業績を概説。
思想の中の数学的構造	山下正男	レヴィ＝ストロースと群論。ニーチェやオルテガの遠近法主義、ヘーゲルと解析学、孟子と関数概念……。数学的アプローチによる比較思想史。
熱学思想の史的展開 1	山本義隆	熱の正体は？ その物理的特質とは？『磁力と重力の発見』の著者による壮大な科学史。熱力学入門書としての評価も高い。全面改稿。
熱学思想の史的展開 2	山本義隆	熱力学はカルノーの一篇の論文に始まり骨格が完成した。熱素説に立ちつつも時代に半世紀もも先行していた。理論のヒントは水車だったのか？
熱学思想の史的展開 3	山本義隆	隠された因子、エントロピーがついにその姿を現わす。そして重要な概念が加速的に連結し熱力学が体系化されていく。格好の入門篇。全3巻完結。

書名	著者/訳者	紹介
現代数学序説	松坂和夫	『集合・位相入門』などの名教科書で知られる著者による、懇切丁寧な入門書。組合せ論・初等数論を中心に、現代数学の一端に触れる。
不思議な数eの物語	E・マオール 伊理由美訳	自然現象や経済活動に頻繁に登場する超越数e。この数の出自と発展の歴史を描いた一冊。「ニュートン、オイラー、ベルヌーイ等のエピソードも満載。（荒井秀男）
フォン・ノイマンの生涯	ノーマン・マクレイ 渡辺正/芦田みどり訳	コンピュータ、量子論、ゲーム理論など数多くの分野で絶大な貢献を果たした巨人の足跡を辿り、「人類最高の知性」に迫る。ノイマン評伝の決定版。
関数解析	三輪修三	オイラー、モンジュ、フーリエ、コーシーらは数学の基礎理論からベクトル値関数、半群の話題まで、「ものつくりの科学」の歴史をひもとく。
工学の歴史	宮寺功	偏微分方程式論への応用をもつ関数解析。バナッハ空間論からベクトル値関数、半群の話題まで、同時に工学の課題に方策を授けていた。（新井仁之）
ユークリッドの窓	レナード・ムロディナウ 青木薫訳	平面、球面、歪んだ空間、そして……。幾何学的世界像は今なお変化し続ける。『スタートレック』の脚本家が誘う三千年のタイムトラベルへようこそ。
ファインマンさん 最後の授業	レナード・ムロディナウ 安平文子訳	科学の魅力とは何か。創造とは、そして死とは——老境を迎えた大物物理学者との会話をもとに書かれた、珠玉のノンフィクション。（山本貴光）
生物学のすすめ	ジョン・メイナード＝スミス 木村武二訳	現代生物学では何が問題になるのか。20世紀生物学に多大な影響を与えた大家が、複雑な生命現象を理解するキー・ポイントを交えて解説。
現代の古典解析	森毅	おなじみ一刀斎の秘伝公開！ 極限と連続に始まり、指数関数と三角関数を経て、偏微分方程式に至る。見晴らしのきく、読み切り22講義。

書名	著者	内容
電気にかけた生涯	藤宗寛治	実験・観察にすぐれたファラデー、電磁気学にまとめたマクスウェル、ほかにクーロンやオームなど科学者十二人の列伝を通して電気の歴史をひもとく。
科学の社会史	古川 安	大学、学会、企業、国家などと関わりながら「制度化」の歩みを進めて来た西洋科学。現代に至るまでの約五百年の歴史を概観した定番ある入門書。
ロバート・オッペンハイマー	藤永 茂	マンハッタン計画を主導し原子爆弾を生み出したオッペンハイマーの評伝。多数の資料をもとに、政治に翻弄・欺かれた科学者の愚行と内的葛藤に迫る。
π の歴史	ペートル・ベックマン 田尾陽一/清水韶光訳	円周率だけでなく意外なところに顔をだすπ。ユークリッドやアルキメデスの探究の歴史に始まり、オイラーの発見したπの不思議にいたる。
やさしい微積分	L.S.ポントリャーギン 坂本實訳	微積分の基本概念・計算法を全盲の数学者がイメージ豊かに解説。計算は読み継がれる定番の入門教科書。練習問題・解答付きで独習にも最適。
科学と仮説	アンリ・ポアンカレ 南條郁子訳	科学の要件とは何か？ 仮説の種類と役割とは？ 数学と物理学を題材に、関連する多様な問題を論じる。規約主義を初めて打ち出した科学哲学の古典。
フラクタル幾何学(上)	B・マンデルブロ 広中平祐監訳	「フラクタルの父」マンデルブロの主著。膨大な資料を基に、地理・天文・生物などあらゆる分野から事例を収集・報告したフラクタル研究の金字塔。
フラクタル幾何学(下)	B・マンデルブロ 広中平祐監訳	「自己相似」が織りなす複雑で美しい構造とは。その数理とフラクタル発見までの歴史を豊富な図版とともに紹介。
数学基礎論	前原昭二 竹内外史	集合をめぐるパラドックス、ゲーデルの不完全性定理からファジィ論理、P＝NP問題などのより現代的な話題まで。大家による入門書。(田中一之)

宇宙創成はじめの3分間

二〇〇八年九月十日　第一刷発行
二〇二三年二月十日　第五刷発行

著　者　　S・ワインバーグ
訳　者　　小尾信彌（おび・しんや）
　　　　　喜入冬子
発行者　　喜入冬子
発行所　　株式会社　筑摩書房
　　　　　東京都台東区蔵前二―五―三　〒一一一―八七五五
　　　　　電話番号　〇三―五六八七―二六〇一（代表）
装幀者　　安野光雅
印刷所　　大日本法令印刷株式会社
製本所　　株式会社積信堂

乱丁・落丁本の場合は、送料小社負担でお取り替えいたします。
本書をコピー、スキャニング等の方法により無許諾で複製することは、法令に規定された場合を除いて禁止されています。請負業者等の第三者によるデジタル化は一切認められていませんので、ご注意ください。

© SHINYA OBI 2008 Printed in Japan
ISBN978-4-480-09159-8 C0142